Dirk Willenbockel

Kälteanlagen und Wärmepumpen

Dirk Willenbockel

Kälteanlagen und Wärmepumpen

Normen, Richtlinien und Verordnungen für Herstellung, Bereitstellung und Betrieb

VDE VERLAG GMBH

ICS 27.200; 27.080

Die zusätzlichen Erläuterungen geben die Auffassung der Autoren wieder. Maßgebend für das Anwenden der Normen sind deren Fassungen mit dem neuesten Ausgabedatum, die bei der VDE VERLAG GMBH, Bismarckstr. 33, 10625 Berlin, www.vde-verlag.de, erhältlich sind.

Bibliografische Information der Deutschen Nationalbibliothek
Die Deutsche Nationalbibliothek verzeichnet diese Publikation in der Deutschen Nationalbibliografie; detaillierte bibliografische Daten sind im Internet über http://dnb.dnb.de abrufbar.

ISBN 978-3-8007-4000-0 (Buch)
ISBN 978-3-8007-4001-7 (E-Book)

Satz: primustype Hurler GmbH, Notzingen
Druck: H. Heenemann GmbH & Co. KG, Berlin
Printed in Germany 2018-12

Vorwort

Dieses Buch soll einen Überblick über das technische Regelwerk geben, das für Kältemaschinen und Wärmepumpen gültig ist. Zu beachten ist allerdings, dass das Regelwerk im ständigen Wandel begriffen ist, d. h., das eine oder andere Detail könnte sich bereits während der Entstehungsphase dieses Buchs geändert haben, ohne berücksichtigt zu werden. Das Buch soll Hilfestellungen geben, sich im Zusammenspiel der europäischen, nationalen, gesetzlichen und privatrechtlichen Regelungen zu Recht zu finden.

Auf das Bauvertragsrecht nach Bürgerlichem Gesetzbuch (BGB) und Verdingungsordnung Bauleistungen (VOB) wird hier nicht eingegangen. Es sind zahlreiche Werke mit Kommentaren und Hilfen zur Umsetzung am Markt vorhanden.

Das gesetzliche Phase-Down-Szenario für fluorierte Stoffe wird nicht im Detail dargestellt. Für den Anlagenhersteller sind die wirtschaftlichen Aspekte wichtiger, die eine Folge dieses seit Jahren bekannten Ausstiegsszenarios sind. So werden in immer kürzer Zeit Kältemittel und Kältemittelgemische durch neue Gemische mit niedrigerem GWP-Wert ersetzt. Außerdem werden viele Kältemittel und Kältemittelgemische in Folge der gesetzlichen Regelungen so teuer, dass ihr Einsatz unwirtschaftlich wird. Derzeit bereitet sich der Fachhandel auf den Ersatz von R134a vor. Die Normen sind sowohl auf die alten als auch neuen Kältemittelgemische anzuwenden.

Das Regelwerk ist so umfangreich, dass dieses Buch sich auf die wichtigsten Regeln für den kleinen oder mittleren gewerblichen Betrieb konzentriert. Auch der Handwerksbetrieb wird zum Hersteller, wenn er Anlagen aus einzelnen Komponenten vor Ort aufbaut. Die Lektüre eines Buchs enthebt uns nicht der Pflicht zur eigenen Erkenntnissammlung; aber sie hilft, den Aufwand geringer zu gestalten.

Viele Betreiber sind sich der gesetzlichen Pflichten nicht bewusst oder glauben, ihre Verantwortung vollständig an Fachbetriebe abgegeben zu können. Durch die jüngsten Änderungen der Betriebssicherheitsverordnung ist aber eine Reihe von Pflichten gegeben, die bereits vor Auslösung einer Bestellung erfüllt werden müssen.

Die Instandhaltung gehört prinzipiell zum Betrieb der Anlagen. Der Betreiber ist also grundsätzlich in der Pflicht, die Instandhaltung durchzuführen. Zumindest hat er die Organisationsverantwortung und muss darauf achten, dass die gesetzlichen Regelungen eingehalten werden. Insoweit überwacht er die ausführenden Unternehmen.

Strittige Rechtsfragen können und dürfen nur von Juristen abgeklärt bzw. beantwortet werden. Dieses Buch ersetzt keine Rechtsberatung!

In diesem Sinne wünsche ich Ihnen eine interessante Lektüre und neue Erkenntnisse zu den möglichen Interpretationen und der Anwendung des technischen Regelwerks.

Hamburg, im Oktober 2018 Dirk Willenbockel

Inhaltsverzeichnis

Teil 3 Normung in Europa

Teil 4 Betreiben

Teil 1 Regeln der Technik

1 Was sind Regeln der Technik

Unter dem Begriff *Regeln der Technik* (RdT) werden in der Literatur verschiedene Inhalte verstanden. Dieses Buch fasst alle Rechtsnormen und technische Normen, die die Herstellung und Anwendung technischer Produkte in irgendeiner Weise regulieren, unter diesem Begriff zusammen. Hierbei muss unterschieden werden zwischen gesetzlichen Regelungen (Rechtsnormen) und technischen Standards (privatverbandliche Normen).

Juristen verstehen unter den Regeln der Technik meist nur solche Vorschriften, die nicht Bestandteil von Gesetzen oder Verwaltungsvorschriften sind. Demnach gibt es fünf verschiedene Arten von RdT [10, S. 5f]:

- die überbetrieblichen technischen Normen
- die von den Berufsgenossenschaften herausgegebenen Unfallverhütungsvorschriften (UVV)
- die Regelwerke der öffentlich-rechtlichen technischen Ausschüsse
- Technische Regelungen in Rechtsverordnungen
- Technische Regelungen in allgemeinen Verwaltungsvorschriften

Die *überbetrieblichen technischen Normen* sind Standards, die in aller Regel von Privatverbänden erarbeitet werden, also DIN, VDI, VDE, VDMA usw.

Die *berufsgenossenschaftlichen Unfallverhütungsvorschriften* wurden gerade erst mit den Vorschriften der Gemeindeversicherung verschmolzen. Es handelt sich heute um die Vorschriften und Regeln der Deutschen gesetzlichen Unfallversicherung (DGUV). Sie dienen dem Arbeitsschutz und haben ihre Rechtsgrundlage in Bestimmungen des Sozialgesetzbuchs und des Arbeitsschutzgesetzes.

Zu den Regeln der öffentlich-rechtlichen Ausschüsse gehören beispielsweise die *Technischen Regeln für Anlagensicherheit* (TRAS), mit denen man zu tun hat, wenn man Ammoniak als Kältemittel einsetzt.

Technische Regelungen in Rechtsverordnungen sind beispielsweise die *Technischen Regeln zur Betriebssicherheitsverordnung* (TRBS) oder der *Gefahrstoffverordnung* (TRGS) und auch *Technische Anleitungen* (TA), z. B. TA Luft.

Die letzte Art wird zum Beispiel durch die *Verwaltungsvorschrift wassergefährdender Stoffe* (VwVS) repräsentiert, die mit der *Verordnung über Anlagen zum Umgang mit wassergefährdenden Stoffen* (AwSV) verknüpft ist.

2 Rechtlicher Status der Regeln

Wenn Technik zur Anwendung kommt, gibt es nahezu zwangsläufig Folgen, die durch *Rechtsnormen* geregelt werden müssen. Dies trifft vor allem auf die Gefährdung oder Beeinträchtigung von Leben und Gesundheit von Menschen zu. Aber auch Sachwerte zählen zu den schützenswerten Gütern. Ziel der Einschränkungen durch rechtliche Regelungen ist das Risiko, das mit technischen Anlagen und Prozessen einhergeht, auf ein Maß zu beschränken, das gesellschaftlich akzeptabel ist.

Die Formulierung solcher Rechtsnormen bringt jedoch einige Probleme mit sich. Rechtsnormen sollen eine möglichst dauerhafte Ordnung des sozialen Lebens schaffen. Dagegen bedingt die technische Weiterentwicklung einen steten Wandel. Hinzu kommt, dass die Vielfalt und rasche Entwicklung der Technik eine sehr hohe Zahl an speziellen Normen erfordert.

Rechtsnormen geben daher nur einen generellen Rahmen vor und greifen, wenn nötig auf die speziellen technischen Normen zu. In den Rechtsnormen werden hierfür verschiedene Formulierungen verwendet. Hierbei spielen die *unbestimmten Rechtsbegriffe* eine wesentliche Rolle:

- allgemein anerkannte Regeln der Technik (aaRdT)

  Die allgemein anerkannten Regeln der Technik sind von der Mehrheit der Fachleute anerkannte technische Regeln zum Lösen technischer Aufgaben.

  Sie sind:

  - wissenschaftlich begründet
  - angemessen erprobt und
  - ausreichend praktisch bewährt

  Zum Erstellen allgemein anerkannter Regeln der Technik sind Vorgaben des BGH und EuGH zu beachten.

- der Stand der Technik

  repräsentiert das Fachleuten verfügbare Wissen; es ist:

  - wissenschaftlich begründet
  - angemessen erprobt und
  - ausreichend praktisch bewährt

  Das Fachwissen braucht noch nicht in Regeln gefasst zu sein. Die gleiche Meinung aller oder der Mehrheit der Fachleute ist nicht erforderlich. Wichtig sind allein die Kenntnisse der einzelnen Beteiligten.

- der Stand von Wissenschaft und Technik

  Es handelt sich um den neuesten Wissensstand; er ist:

  - wissenschaftlich begründet

- erwiesenermaßen technisch durchführbar
- auch ohne praktische Bewährung
- allgemein zugänglich (nicht verborgen hinter Institutsmauern)
- räumlich unbegrenzt, d. h. weltweit

Der Stand von Wissenschaft und Technik grenzt den Entwicklungsfehler der Produkthaftung vom Konstruktionsfehler ab.

Die angemessene Berücksichtigung des Stands von Wissenschaft und Technik wird nur im Bundesatomgesetz, in der Strahlenschutzverordnung und dem Produkthaftungsgesetz gefordert.

Um den Sorgfaltspflichten nachzukommen, genügt also in allen anderen Fällen ein Auswerten des Stands der Technik!

Ein Hersteller ist aber gut beraten, wenn er ebenfalls in allen Schritten vom Entwurf bis zum fertigen Produkt den Stand von Wissenschaft und Technik berücksichtigt (siehe Kapitel 4.1 Produkthaftung).

Unbestimmte Rechtsbegriffe bedürfen der richterlichen Interpretation; sie werden stets an den Bedingungen des Einzelfalls ausgelegt. Unbestimmte Rechtsbegriffe sind oftmals als Ergebnis höchstrichterlicher Rechtsprechung entstanden und deshalb nicht in Rechtsnormen, Gesetzen und Verordnungen festgelegt und erläutert.

Der Stand der Technik wird unter anderem in den allgemein anerkannten Regeln der Technik (aaRdT) dargestellt. Aber auch Veröffentlichungen in Fachzeitschriften und anderen Medien zählen dazu. Insbesondere wenn sich der überwiegende Teil der Fachleute einig ist, dass die veröffentlichten Inhalte zutreffend sind.

Im Allgemeinen löst die Anwendung einer aaRdT nur eine Erfüllungsvermutung aus. Wurden solche Regeln angewendet, geht der Gesetzgeber zunächst davon aus, dass die gesetzlichen Anforderungen erfüllt sind. Ist eine Aufsichtsbehörde der Auffassung, dass die gesetzlichen Auflagen dennoch nicht erfüllt sind, dann ist sie in der Beweispflicht.

Dies gilt sowohl für die nationalen Standards wie für die internationalen Standards. Dennoch haben einige Normen eine herausgehobene Stellung. Dies sind beispielsweise die harmonisierten europäischen Normen. Sie werden im Auftrag der Legislative von den europäischen Normeninstituten geschaffen und im europäischen Amtsblatt veröffentlicht. Im Sprachgebrauch werden diese Normen auch als *mandatiert* bezeichnet. Oder bestimmte Einzelnormen oder Gesamtregelwerke, z. B. die VDE-Vorschriften, werden in einer Rechtsnorm direkt benannt.

Werden diese herausgehobenen Regeln nicht angewendet, muss eine sehr aufwändige und umfassende Dokumentation sicherstellen, dass im Falle eines Rechtsstreits nachgewiesen werden kann, dass man die gesetzlichen Anforderungen dennoch erfüllt. Die Beweispflicht liegt hier bei dem Errichter bzw. Hersteller der Maschine.

Im Falle eines Rechtsstreits gelten die Normen nur in ihrer Originalfassung, das heißt, alle internationalen Normen und Normen, die auf internationalen Normen basieren, gelten nur in ihrer englischen Originalfassung. Dies gilt beispielsweise für die DIN-EN-Normen, die ja nur eine offizielle Übersetzung der in Englisch verfassten EN sind. Aber auch die meisten VDE-Vorschriften basieren heute auf den internationalen IEC-Vorschriften.

3 Was gilt: europäisches oder nationales Recht?

Seit dem Jahr 2000 muss strikt unterschieden werden zwischen dem *Inverkehrbringen* einer Kältemaschine und dem *Betrieb*. Vor ein paar Jahren wurde der Begriff „Inverkehrbringen“ durch den Ausdruck „*Bereitstellung am Markt*“ ergänzt. In den Rechtsnormen wurde zunächst zwischen dem erstmaligen Inverkehrbringen und dem erneuten Inverkehrbringen unterschieden. Inzwischen wird in den überarbeiteten EU-Richtlinien der Begriff „Inverkehrbringen“ nur noch für die erstmalige Bereitstellung am Markt verwendet. Zurzeit finden wir noch beide Darstellungsformen nebeneinander, da nicht alle Rechtsnormen zeitgleich überarbeitet werden können.

Da physikalisch und technisch zwischen einer Kältemaschine und einer Wärmepumpe kein Unterschied besteht, gelten alle Regelungen für beide Maschinen.

Um Handelshemmnisse abzubauen, wurde die Bereitstellung am Markt auf eine einheitliche Rechtsgrundlage gestellt, die in der gesamten Europäischen Union (EU) gültig ist. Daher müssen alle Produkte, die in der EU am Markt angeboten werden, den gleichen Anforderungen genügen (Mindestanforderungen).

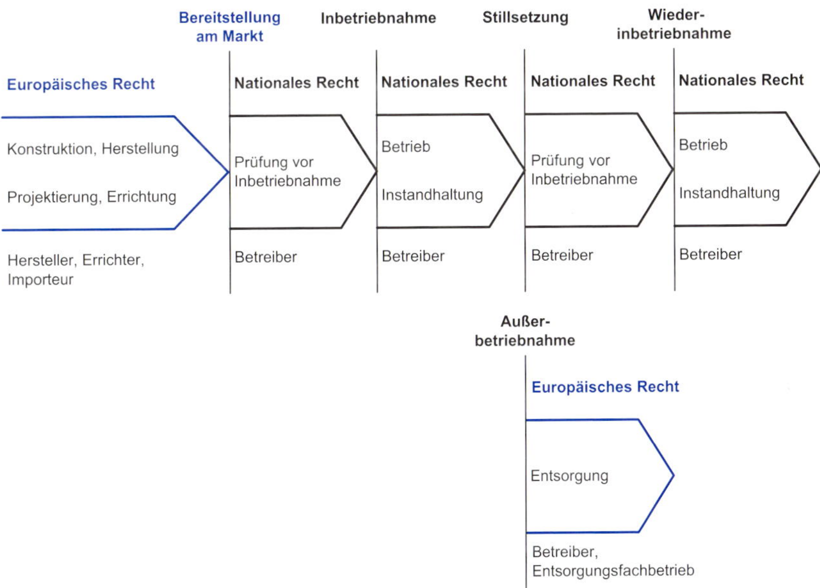

Abb. 3.1 Welches Recht gilt wofür: europäisches und deutsches Recht

Der Gebrauch bzw. der Betrieb ist aber nach wie vor national geregelt. Fachbetriebe stellen einerseits Kältemaschinen und Wärmepumpen am Markt bereit und sind andererseits mit der Instandhaltung beauftragt. Die Instandhaltung ist aber Teil des Betriebs von Maschinen und Anlagen. Die Fachbetriebe müssen deshalb die Regelungen beider Bereiche kennen und beachten. Industrielle Hersteller von Seriengeräten können sich zunächst auf das europäische Recht konzentrieren.

Betreiber können sich in erster Linie auf das nationale Recht konzentrieren. Allerdings nehmen die Regelungen für den Betrieb der Anlagen teilweise Bezug auf die Regeln der Bereitstellung, also auf die europäischen Regeln. Spätestens mit der aktuellen Betriebssicherheitsverordnung (BetrSichV) sollte aber klar sein, dass unbedingt *vor* Erteilung eines Auftrags oder einer Bestellung der künftige Betreiber prüfen muss, ob die angebotene Maschine so betrieben werden darf. Das nationale Recht könnte durchaus ergänzende oder verschärfende Anforderungen stellen. Unter anderem deshalb fordert die Verordnung die Gefährdungsbeurteilung bereits vor der Anschaffung eines Arbeitsmittels.

Bei Druckgeräten und brennbaren Kältemitteln ist der Aufstellort besonders wichtig. Durch die aktuelle Klimaschutzgesetzgebung verschiebt sich das Kältemittelangebot immer schneller zu den Kältemitteln mit niedrigem GWP. Diese sind aber meistens brennbar oder enthalten brennbare Gemischkomponenten. Die Hersteller können zwar anhand der Regeln ein zulässiges Angebot machen, ob aber wirklich alle örtlich relevanten Sicherheitsbelange erfüllt sind, kann erst die Gefährdungsbeurteilung des künftigen Betreibers klären!

Europäische Richtlinien müssen entsprechend den Verträgen zur Europäischen Union in nationales Recht übernommen werden. Die Art und Weise dieser Überführung in nationales Recht bestimmt jedes Land selbst. Manche Länder übernehmen einfach den genauen Wortlaut der EU-Richtlinie. Andere verweisen nur auf die entsprechenden Regelungen. Der deutsche Weg wird im kommenden Kapitel betrachtet.

EU-Verordnungen hingegen wenden sich direkt an alle EU-Bürger. Sie bedürfen keiner nationalen Umsetzung. Die EU-Länder dürfen verschärfende und ergänzende nationale Regelungen treffen.

Tab. 3.1 Das Handlungsinstrumentarium der Europäischen Union

Rechtshandlung	Adressaten	Wirkungen
Verordnung Regulation	alle Mitgliedstaaten, natürliche und juristische Personen	unmittelbar anwendbar und in allen Teilen verbindlich
Richtlinie Directive	alle oder bestimmte Mitgliedstaaten	hinsichtlich des vorgegebenen Ergebnisses verbindlich, nur unter besonderen Voraussetzungen unmittelbar anwendbar
Beschluss	unbestimmter Personenkreis, alle oder bestimmte Mitgliedstaaten; bestimmte natürliche oder juristische Personen	unmittelbar anwendbar und in allen Teilen verbindlich
Empfehlung	alle oder bestimmte Mitgliedstaaten, andere EU-Organe, Einzelpersonen	unverbindlich
Stellungnahme	alle oder bestimmte Mitgliedstaaten, andere EU-Organe, unbestimmter Adressatenkreis	unverbindlich

Teil 2 Bereitstellung am Markt

4 Europäische Richtlinien und Verordnungen

Kältemaschinen und Wärmepumpen fallen sowohl unter allgemeine Regelungen für Maschinen als auch unter spezielle Regelungen. Wenn allgemeine Regeln und spezielle Regeln denselben Sachverhalt behandeln, gilt immer die spezielle Regel. Dieser Grundsatz wird sowohl in den Rechtsnormen als auch in den überbetrieblichen Standards angewendet.

Die hier betrachteten Maschinen zeichnen sich dadurch aus, dass sie neben den mechanischen Komponenten in der Regel auch elektrische Motoren enthalten, z. B. für Ventilatorantriebe, und unter einem inneren Überdruck stehen. Zudem sind alle Maschinen und Anlagen mit einer elektromechanischen Steuerung oder Regelung versehen.

Die verwendeten Betriebsmittel gehören entweder zu den regulierten Chemikalien oder können die Umwelt mehr oder weniger beeinträchtigen oder gar gefährden, z. B. durch Bildung explosiver Atmosphäre.

Kältemaschinen und Wärmepumpen können also auf den ersten Blick in den Geltungsbereich mehrerer Richtlinien und Verordnungen fallen; zurzeit kommen grundsätzlich die folgenden infrage:

Richtlinie	1985/374/EWG	… über die Haftung für fehlerhafte Produkte (geändert durch 1999/34/EG)
Richtlinie	2006/42/EG	… über Maschinen
Richtlinie	2014/68/EU	… über die Bereitstellung von Druckgeräten …
Richtlinie	2014/35/EU	… über die Bereitstellung elektrischer Betriebsmittel …
Richtlinie	2014/30/EU	… über die elektromagnetische Verträglichkeit …
Richtlinie	1999/92/EG	… über die Mindestanforderungen zur Verbesserungen des Gesundheitsschutzes und der Sicherheit der Arbeitnehmer, die durch explosionsfähige Atmosphären gefährdet werden können (ATEX 137) (geändert durch 2007/30/EG)
Richtlinie	2014/34/EU	… zur bestimmungsgemäßen Verwendung in explosionsgefährdeten Bereichen (früher ATEX 95)
Verordnung	EG 1005/2009	… über die Stoffe, die zum Abbau der Ozonschicht führen
Verordnung	EU 517/2014	… über fluorierte Treibhausgase

Verordnung EG 1516/2007	… zur Festlegung der Standardanforderungen der Kontrolle auf Dichtheit …
Verordnung EG 1494/2007	… zur Festlegung der Form der Kennzeichnung …
Verordnung EG 37/2005	… zur Überwachung der Temperatur von tiefgefrorenen Lebensmitteln…

Den Wortlaut und andere Informationen zu den Richtlinien findet man im Internet unter: eur-lex.europa.eu

Die Seite wird beim ersten Öffnen möglicherweise in Englisch angezeigt. Sie ist aber in allen Sprachen der EU programmiert. Die Umschaltung erfolgt im Dropdown-Menü oben rechts. Es gibt verschiedene Tabulatoren (Startseite, Amtsblatt usw.). Die unterschiedlichen Suchmöglichkeiten findet man unter dem Tabulator „Startseite".

4.1 Produkthaftung

Grundsätzlich haftet jeder Hersteller für Schäden, die durch einen Fehler seines Produkts verursacht wurde. Aber was ist ein Produkt in Sinne dieser Rechtsnorm? Und wer ist ein Hersteller?

Ein Produkt ist jede bewegliche Sache, auch dann, wenn sie Teil einer anderen beweglichen oder unbeweglichen Sache ist. Salopp gesagt, jedes Ding, das hergestellt und gehandelt wird, ist ein Produkt im Sinne dieser Richtlinie.

Vor der Produkthaftung gibt es kein Entkommen, wenn man Produkte herstellt.

Hersteller eines Produkts ist jeder, der ein Endprodukt oder Teilprodukt herstellt. Als Hersteller kann aber auch jeder angesehen werden, der sich selbst als Hersteller ausgibt, indem er ein Erkennungszeichen an dem Produkt anbringt, z. B. ein eigenes Warenzeichen.

Anbringen eigener Warenzeichen
Als eigenes Warenzeichen können auch Aufkleber betrachtet werden, die darauf hinweisen sollen, dass die Instandhaltung von dem Unternehmen durchgeführt wird. Es muss unbedingt erkennbar sein, dass es sich nicht um das Warenzeichen eines Herstellers, sondern einen zusätzlichen Hinweis handelt, indem z. B. Aussagen enthalten sind wie „Instandhaltung durch:" oder „Wartung wird durchgeführt von:"
Wenn Anlagen vor Ort errichtet werden, muss der Errichter ein Maschinenschild (Typenschild) anbringen. Dies ist sein Warenzeichen im Sinne der Produkthaftungsrichtlinie.

Auch der Lieferant eines Produkts kann genauso behandelt werden wie ein Hersteller, wenn der eigentliche Hersteller nicht ermittelt werden kann.

Die Trennung von Gewährleistung und Produkthaftung ist für Rechtsfragen eine wesentliche und notwendige Unterscheidung.

- Gewährleistung

  Erfüllen vertraglicher Pflichten
- Produkthaftung

  Haftung für Schäden durch fehlerhafte Produkte

Tab. 4.1 Unterschied Gewährleistung und Produkthaftung [7]

	Gewährleistung	Produkthaftung
Definition	Haftung für die volle Erfüllung aller vertraglichen Pflichten	Haftung für Schäden als Folge der Lieferung fehlerhafter Produkte
Sachverhalt	Abnehmer erhält nicht den vollen Wert für seine Zahlung	Abnehmer oder Dritte erleiden an Rechtsgütern außerhalb der gelieferten Sache einen (Folge-) Schaden
Beispiel	Tür des Tiefkühlraums friert fest. Die defekte Türrahmenheizung wurde bei der Montage beschädigt.	Durch den Defekt an der Rahmenheizung entsteht ein Brand. Menschen werden durch die Rauchgase verletzt. Die Anlage wurde vom Inverkehrbringer nicht elektrisch geprüft.
anspruchs-berechtigt	nur direkte Vertragspartner	jedermann
Anspruchs-voraussetzung	Liefern eines (fehler-) mangelhaften Produkts	Schäden durch Lieferung eines (fehler-) mangelhaften Produkts
Rechte des Anspruchstellers	Wandlung, Minderung, Ersatzlieferung, Nachbesserung (soweit vereinbart)	Schadenersatz
Risiko des Anspruchstellers	Ansprüche auf den Wert des gelieferten Produkts beschränkt	der Höhe nach abgegrenzt
Verjährung	§195 BGB regelmäßige Verjährungsfrist 3 Jahre	§197 BGB 30 Jahre
vertraglicher Haftungs-ausschluss	nur sehr eingeschränkt möglich	nicht zulässig §14 ProdHaftG, §9 AGBG
Versicherung	unternehmerisches Risiko, daher nicht vereinbar	möglich und notwendig

Wenn ein Schaden eingetreten ist, muss der Geschädigte drei Punkte beweisen [7]:

1. den aufgetretenen Schaden
2. den Fehler
3. den ursächlichen Zusammenhang zwischen dem Fehler des Produkts und dem Schaden

In Artikel 6 der Richtlinie wird definiert, wann ein Produkt fehlerhaft ist:

1. Ein Produkt hat einen Fehler, wenn es nicht die Sicherheit bietet, die unter Berücksichtigung aller Umstände, insbesondere
   a) seiner Darbietung,
   b) des Gebrauchs, mit dem billigerweise gerechnet werden kann,
   c) des Zeitpunkts, zu dem es in den Verkehr gebracht wurde,

   berechtigterweise erwartet werden kann.
2. Ein Produkt kann nicht allein deshalb als fehlerhaft betrachtet werden, weil später ein verbessertes Produkt in Verkehr gebracht wurde.

Durch den Oberbegriff „Darbietung" gehen *alle Mitteilungen und Informationen* des Herstellers in die Fehlerdefinition mit ein, die zur Werbung und zur Information des Benutzers für ein Produkt erstellt wurden.

Eine weitere Konkretisierung ist der Gebrauch, mit dem billigerweise gerechnet werden kann. Denn dieser Begriff umfasst nicht nur den bestimmungsgemäßen Gebrauch, sondern auch den naheliegenden Miss- und Fehlgebrauch!

Beispiel zum naheliegenden Fehlgebrauch [7]

Die Verwendung eines Küchenstuhls als Treppenleiterersatz ist als üblicher naheliegender Fehlgebrauch auf jeden Fall eingeschlossen.

Fernerliegend und daher ausgeschlossen wäre die Zerlegung des Küchenstuhls zum Einsatz bei familiären Streitigkeiten.

In Artikel 7 werden die Bedingungen für den Ausschluss der Haftung aufgeführt. Ein Hersteller haftet nicht, wenn er beweist:

a) dass er das Produkt nicht in Verkehr gebracht hat
b) dass unter Berücksichtigung der Umstände davon auszugehen ist, dass der Fehler, der den Schaden verursacht hat, nicht vorlag, als das Produkt von ihm in den Verkehr gebracht wurde, oder dass dieser Fehler später entstanden ist;
c) dass er das Produkt weder für den Verkauf oder eine andere Form des Vertriebs mit wirtschaftlichem Zweck hergestellt noch im Rahmen seiner beruflichen Tätigkeit hergestellt oder vertrieben hat;

d) dass der Fehler darauf zurückzuführen ist, dass das Produkt verbindlichen hoheitlich erlassenen Normen entspricht;

e) dass der vorhandene Fehler nach dem Stand der Wissenschaft und Technik zu dem Zeitpunkt, zu dem er das betreffende Produkt in den Verkehr brachte, nicht erkannt werden konnte;

f) wenn es sich um den Hersteller eines Teilprodukts handelt, dass der Fehler durch die Konstruktion des Produkts, in welches das Teilprodukt eingearbeitet wurde, oder durch die Anleitungen des Herstellers des Produkts verursacht worden ist.

Stand der Wissenschaft und Technik
Im Abschnitt e) wird der Stand der Wissenschaft und Technik gefordert. Ein Hersteller ist also gut beraten, wenn er bei allen Schritten der Produktentwicklung diesen Stand berücksichtigt und dies auch dokumentiert.
Ein Handwerksbetrieb wird zum Hersteller, wenn er eigene Konstruktionen am Markt bereitstellt. Er sollte also den Stand der Wissenschaft und Technik berücksichtigen, z. B. zum Explosionsschutz beim Umgang mit brennbaren Kältemitteln wie R32, R290, R600, R600a, R1234yf etc.
Es muss also eine entsprechende Risikobeurteilung in der Dokumentation enthalten sein! Diese Risikobeurteilung variiert im Einzelfall aufgrund der unterschiedlichen Aufstellbedingungen.

4.2 Maschinen

Die *Maschinenrichtlinie* definiert den allgemeinen Sicherheitsanspruch des Gesetzgebers. Sie gilt daher für alle Produkte, die im Sinne der Richtlinie als Maschine angesehen werden. Nach der alten Fassung von 1995 war zum Beispiel ein wichtiges Merkmal, dass sie einen Kraftantrieb enthielten. Damit waren Handhebelstanzen keine Maschinen im Sinne der Richtlinie, obgleich sie aus physikalischer und maschinenbaulicher Sicht natürlich zu den Maschinen zählen.

Die Definition wurde später stärker verallgemeinert, so dass heute auch handbetriebene Geräte in den Geltungsbereich fallen.

Die Maschinenrichtlinie gibt einen allgemeinen Rahmen an, den alle zu beachten haben, die Maschinen oder Komponenten von Maschinen am Markt bereitstellen. Andere Richtlinien geben ergänzende Bedingungen an oder die spezielle Interpretation der allgemeinen Sicherheitsanforderungen.

Die Richtlinie enthält eine Reihe von Ausnahmen. Unter anderem gilt sie nicht für Produkte, die in den Geltungsbereich der Richtlinie 73/23/EWG fallen (Niederspannungsrichtlinie), d. h. sie gilt auch nicht für Produkte, die in den Geltungsbereich der aktuelleren Versionen fallen (2014/35/EU).

Die Richtlinie unterscheidet zwischen Maschinen und *unvollständigen Maschinen.*

Definition: Maschine

- Eine mit einem anderen Antriebssystem als unmittelbar eingesetzter menschlicher oder tierischer Kraft ausgestattete oder dafür vorgesehene Gesamtheit miteinander verbundener Teile oder Vorrichtungen, von denen eines oder eine beweglich ist und die für eine bestimmte Anwendung zusammengefügt ist.
- Eine Gesamtheit im Sinne des ersten Punkts, der lediglich die Teile fehlen, die sie mit ihrem Einsatzort oder mit ihren Energie- und Antriebsquellen verbinden.
- Eine einbaufertige Gesamtheit im Sinne des ersten und zweiten Punkts, die erst nach Anbringung auf einem Beförderungsmittel oder Installation in einem Gebäude oder Bauwerk funktionsfähig ist.
- Eine Gesamtheit von Maschinen im Sinne des ersten, zweiten und dritten Punkts oder von unvollständigen Maschinen im Sinne des Buchstabens g (s. u.), die, damit sie zusammenwirken, so angeordnet sind und betätigt werden, dass sie als Gesamtheit funktionieren.
- eine Gesamtheit miteinander verbundener Teile oder Vorrichtungen, von denen mindestens eines bzw. eine beweglich ist und die für Hebevorgänge zusammengefügt sind und deren einzige Antriebsquelle die unmittelbar eingesetzte menschliche Kraft ist.

Definition: unvollständige Maschine (im Sinne der Maschinenrichtlinie, Artikel 2, Buchstabe g)

Eine Gesamtheit, die fast eine Maschine bildet, für sich genommen aber keine bestimmte Funktion erfüllen kann. Ein Antriebssystem stellt eine unvollständige Maschine dar. Eine unvollständige Maschine ist nur dazu bestimmt, in andere Maschinen oder in andere unvollständige Maschinen oder Ausrüstungen eingebaut oder mit ihnen zusammengefügt zu werden, um zusammen mit ihnen eine Maschine im Sinne dieser Richtlinie zu bilden.

Was bedeuten diese Erkennungsmerkmale in Hinsicht auf Kältemaschinen und Wärmepumpen?

Der erste Punkt der Maschinendefinition bedeutet, dass ein beliebiger Motor als Bestandteil der zusammengefügten Teile diese Baueinheit zu einer Maschine macht. Es spielt keine Rolle, ob es sich um einen Elektro-, Verbrennungs- oder Pneumatikmotor handelt. Die Bauteile müssen für einen bestimmten Zweck zusammengefügt sein: Kühlen, Gefrieren, Heizen usw. Diese Bedingungen sind bei nahezu allen Kältemaschinen und Wärmepumpen erfüllt.

Der zweite Punkt gilt zum Beispiel für einen anschlussfertigen Kaltwassersatz oder ein Raumtrocknungsgerät. Ihnen fehlt nur der Anschluss an das elektrische Netz (Energiequelle).

Der vierte Punkt betrifft alle vor Ort errichteten Anlagen. Die Außengeräte und Innengeräte einer Split- oder Multisplit-Klimaanlage (Wärmepumpe) bilden nach der Montage eine solche Gesamtheit aus unvollständigen Maschinen.

Unvollständige Maschinen sind beispielweise:

- Verdichter
- Verdichtersätze
- Verflüssigungssätze
- Luftkühler
- Luftgekühlte Verflüssiger
- Rückkühler
- Außeneinheiten von Split-Klimaanlagen, Multi-Split-Klimaanlagen oder VRF/VRV-Systemen
- Inneneinheiten von Split-Klimaanlagen, Multi-Split-Klimaanlagen oder VRF/VRV-Systemen

Diese Unterscheidung wird auch bei der Konformitätsbewertung gemacht. Eine Maschine bekommt eine Konformitätserklärung; eine unvollständige Maschine erhält eine Einbauerklärung (früher: Herstellererklärung).

Unterscheidung Konformitätserklärung – Einbauerklärung

- Konformitätserklärung: Kaltwassersatz, Stopferaggregat, Kühlhaus, vollständig montierte Anlage
- Einbauerklärung: Verdichtersatz, Außeneinheit, Inneneinheit, Luftkühler, Verflüssiger, Lüftereinheit, Rückkühler usw.

Ein Betrieb, der solche unfertigen Maschinen mittels der Verrohrung zu einer fertigen Maschine zusammensetzt, muss eine entsprechende Konformitätserklärung für die fertige Maschine erstellen und ein eigenes Maschinenschild anbringen.

4.3 Druckgeräte

Die Druckgeräterichtlinie dient dazu die speziellen Sicherheitsanforderungen an solche Produkte herauszuarbeiten. Dennoch gibt es Ausnahmen. Druckgeräte, deren spezielles Gefährdungspotential durch Überdruck sehr gering ausfällt, werden nur den allgemeinen Sicherheitsanforderungen unterworfen.

Was sind Druckgeräte im Sinne dieser Richtlinie?

Definition: Druckgeräte

- Es handelt sich um Behälter, Rohrleitungen, Ausrüstungsteile mit Sicherheitsfunktion und druckhaltende Ausrüstungsteile; gegebenenfalls einschließlich an druckhaltenden Teilen angebrachte Elemente wie zum Beispiel Flansche, Stutzen, Kupplungen, Tragelemente und Hebeösen.
- Ein Behälter ist ein geschlossenes Bauteil, das zur Aufnahme von unter Druck stehenden Fluiden ausgelegt und gebaut ist, einschließlich der direkt angebrachten Teile bis hin zur Vorrichtung zum Anschluss an andere Geräte. Ein Behälter kann mehrere Druckräume aufweisen.
- Rohrleitungen sind zur Durchleitung von Fluiden bestimmte Leitungsbauteile, die für den Einbau in ein Drucksystem miteinander verbunden sind. Zu Rohrleitungen zählen insbesondere Rohre oder Rohrsysteme, Rohrformteile, Ausrüstungsteile, Ausdehnungsstücke, Schlauchleitungen oder gegebenenfalls andere druckhaltende Teile. Wärmetauscher aus Rohren zum Kühlen oder Erhitzen von Luft sind Rohrleitungen gleichgestellt.
- Ausrüstungsteile mit Sicherheitsfunktion sind Einrichtungen, die zum Schutz des Druckgeräts bei einem Überschreiten der zulässigen Grenzen bestimmt sind, einschließlich Einrichtungen zur unmittelbaren Druckbegrenzung wie Sicherheitsventile, Berstscheibenabsicherungen, Knickstäbe, gesteuerte Sicherheitseinrichtungen (CSPRS) und Begrenzungseinrichtungen, die entweder Korrekturvorrichtungen auslösen oder ein Abschalten oder Abschalten und Sperren bewirken wie Druck-, Temperatur- oder Fluidniveauschalter sowie mess- und regeltechnische Schutzeinrichtungen (SRMCR).
- Druckhaltende Ausrüstungsteile sind Einrichtungen mit einer Betriebsfunktion, die ein druckbeaufschlagtes Gehäuse aufweisen.

Die Komponenten können nun diesen Druckgerätegruppen zugeordnet werden. Zu den Behältern gehören natürlich die Kältemittelsammler, Ölsammelbehälter, Ölabscheider, Flüssigkeitsabscheider und die Gehäuse von Rohrbündel- und Plattenwärmeaustauschern.

Die Rohrleitungen erklären sich von selbst. Auch der Zusatz zu den Wärmeaustauschern ist eindeutig; alle Lamellen- und Rohrwärmeaustauscher sind den Rohrleitungen gleichgestellt, unabhängig davon ob es sich um einen Luftkühler (Verdampfer) oder einem Verflüssiger handelt. Deshalb fallen diese Geräte in aller Regel in die Konformitätskategorie Artikel 4 Absatz 3 (siehe Kapitel 6.2 Festlegung der Druckgerätekategorie).

Zu den druckhaltenden Ausrüstungsteilen gehören beispielsweise die Ventile; sie sind Bestandteil der Rohrleitungssysteme, aber da ihr Gehäuse mit dem Anlagendruck beaufschlagt ist, sind sie selbst ein Druckgerät. Allerdings werden sie über die

Definition des Anwendungsbereichs entweder den Rohrleitungen selbst zugeordnet oder ähnlich den Verdichtern und Pumpen wieder aus der Zuständigkeit der Druckgeräterichtlinie entlassen.

Die Verdichter und Kältemittelpumpen sind per Definition ausgenommen. Aufgrund ihrer Konstruktionsweise wird davon ausgegangen, dass die möglichen Druckgefährdungen quasi automatisch erfasst und ausgeschlossen werden.

Unter *Druck* versteht die Richtlinie stets den *Überdruck* gegen Atmosphärendruck, d. h., es wird hier mit dem *Effektivdruck* gearbeitet, den auch die Manometer anzeigen.

Von den Ausnahmen abgesehen gilt die Richtlinie 2014/68/EU für Druckgeräte mit einem inneren Überdruck von mehr als 0,5 bar.

Es gibt eine lange Liste von Ausnahmen. Ein Kriterium ist die Konformitätskategorie und die gleichzeitige Anwendung einer anderen Richtlinie. Es wurde ja bereits festgestellt, dass die Kältemaschinen und Wärmepumpen prinzipiell in den Geltungsbereich mehrerer Richtlinien fallen.

Deshalb sind Druckgeräte, die nur unter den Artikel 4 Absatz 3 der Richtlinie fallen oder die Kategorie I besitzen von der Anwendung der Richtlinie ausgenommen, wenn sie in den Geltungsbereich einer der Richtlinien 2006/42/EG, 2014/34/EU oder 2014/35/EU fallen. Wie die Geräte eingestuft werden, wird in Kapitel 6.2 Festlegung der Druckgerätekategorie erläutert.

Beispiel: Ausnahme von der Anwendung

Haushaltskühlgeräte sind zunächst Druckgeräte, da das Kältemittel in der Maschine einen Überdruck von mehr als 0,5 bar hat. Aber die Baugruppe besteht praktisch nur aus Rohrleitungen und dem Verdichter. Der Verdichter trägt nicht zur Einstufung bei, bleiben also noch die Rohrleitungen. Wie wir unten noch sehen werden, fallen diese nur in den Bereich Artikel 4 Absatz 3. Damit ist der Haushaltskühlschrank eine fertige Maschine, die auch elektrisches Betriebsmittel ist. Das Gerät unterliegt der Richtlinie 2014/35/EU und nicht der Druckgeräterichtlinie.

Wichtig ist auch die Kenntnis der Leitlinien zur Richtlinie. Sie sollen sicherstellen, dass die Richtlinie in ganz Europa einheitlich interpretiert wird. Die Leitlinien sind nicht rechtsverbindlich, da sie aber von den zuständigen Ausschüssen in ganz Europa erarbeitet werden, sind sie eine wertvolle Informations- und Erkenntnisquelle. Es handelt sich um ein Dokument der europäischen Kommission. Es ist auf der Internetseite ec.europa.eu über die Stichwortsuche nach „Leitlinien DGRL“ zu finden.

Beispiel: Werkstoffzeugnis

Die Leitlinie 7/2 zur Druckgeräterichtlinie beantwortet die Fragen, wann ein Werkstoffzeugnis benötigt wird und welches Werkstoffzeugnis benötigt wird.

Welche Werkstoffzeugnisse werden für ein Druckgerät der Kategorie II benötigt?

Für die wichtigsten drucktragenden Teile, z. B. Gehäuse eines Sammelbehälters, gibt es zwei Möglichkeiten:

a) ein Qualitätssicherungssystem wird angewendet: Abnahmeprüfzeugnis Typ 3.1 nach EN 10204:2004

b) direkte Prüfung: Abnahmeprüfzeugnis Typ 3.2 nach EN 10204:2004

Andere drucktragende Teile und Anbauteile: Werkszeugnis Typ 2.2 nach EN 10204:2004

4.4 Elektrische Betriebsmittel

Die Richtlinie *Elektrische Betriebsmittel* formuliert die Sicherheitsziele für alle elektrischen Betriebsmittel, die mit einer Nennspannung zwischen 50 und 1000 V Wechselspannung oder zwischen 75 und 1500 V Gleichspannung betrieben werden. Ausgenommen sind nur die Betriebsmittel und Bereiche, die im Anhang II der Richtlinie aufgeführt sind.

Zumindest die Maschinen, die an das elektrische Versorgungsnetz angeschlossen werden, sind elektrische Betriebsmittel. Da die Kältemaschinen und Wärmepumpen nicht in der Ausnahmeliste enthalten sind, unterliegen sie auch dieser Richtlinie.

Damit müssen die Maschinen die Schutzanforderungen erfüllen. Der Hersteller (Errichter) hat dies entsprechend zu dokumentieren. Der Nachweis erfolgt durch die Anwendung harmonisierter Normen oder ersatzweise internationaler Normen (IEC). Auch diese Bestimmungen werden im Amtsblatt der europäischen Union veröffentlicht.

Wenn ein elektrisches Betriebsmittel in den Geltungsbereich mehrerer Richtlinien fällt, verlangt diese Richtlinie, dass nur eine Konformitätserklärung ausgestellt wird, die alle Rechtsnormen einschließlich der Fundstelle im EU-Amtsblatt enthält.

Die Fundstelle gibt an, in welchem Amtsblatt, auf welcher Seite und an welchem Datum die Richtlinie veröffentlicht wurde. Die Fundstellen werden entweder in der Datenbank von EUR-Lex gefunden oder – wenn man die Richtlinien bereits als PDF-Datei vorliegen hat – im Dokumentenkopf.

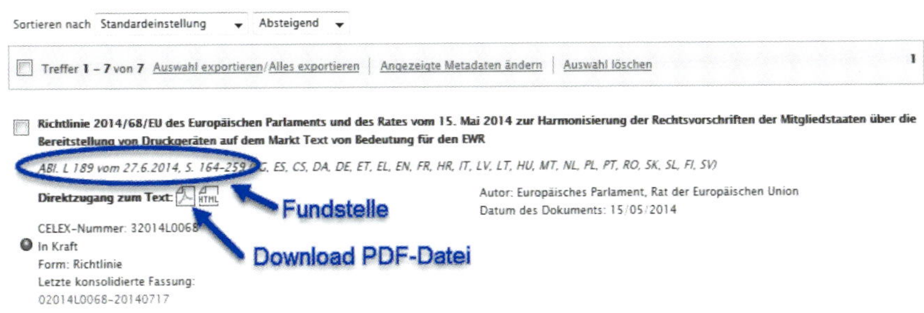

Abb. 4.1 Ausschnitt der Ergebnisseite von EUR-Lex im Browser. Das Bild zeigt den ersten gefundenen Treffer der Suche. Unterhalb der Titelzeile des Dokuments sehen wir die Fundstelle: ABl. L 189 vom 27.06.2014, S. 164-259

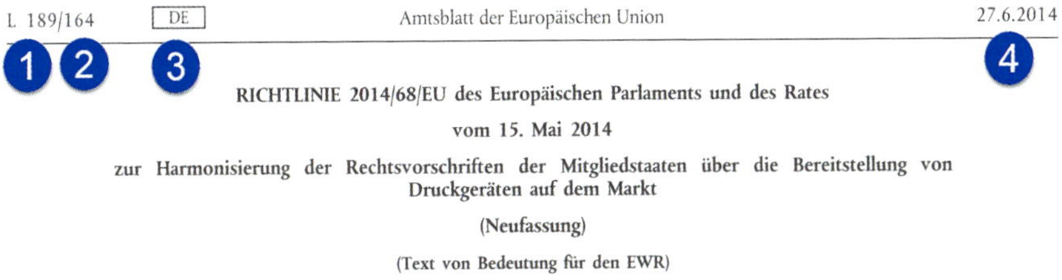

L 189/164 | DE | Amtsblatt der Europäischen Union | 27.6.2014

❶ ❷ ❸ ❹

RICHTLINIE 2014/68/EU des Europäischen Parlaments und des Rates

vom 15. Mai 2014

zur Harmonisierung der Rechtsvorschriften der Mitgliedstaaten über die Bereitstellung von Druckgeräten auf dem Markt

(Neufassung)

(Text von Bedeutung für den EWR)

Abb. 4.2 Dokumentenkopf der Druckgeräterichtlinie 2014/68/EU
Die Fundstelle müssen wir hier selbst zusammenstellen.
Oben links finden wir:❶ das Amtsblatt L 189, ❷ die Seite 164 und ❸ die Sprachversion/; DE (deutsch)
Oben rechts finden wir ❹ das Veröffentlichungsdatum: 27.06.2014

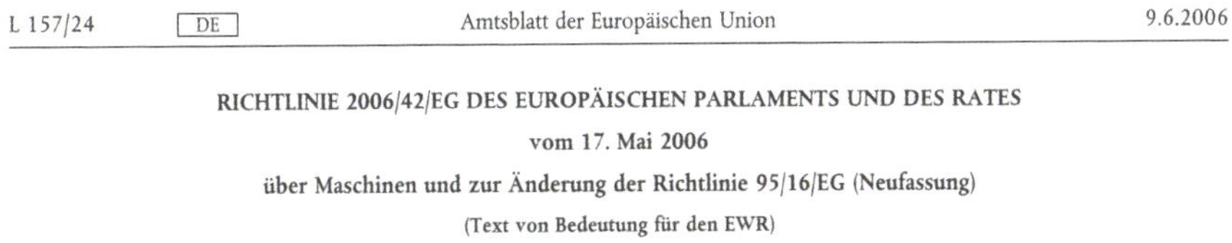

L 157/24 | DE | Amtsblatt der Europäischen Union | 9.6.2006

RICHTLINIE 2006/42/EG DES EUROPÄISCHEN PARLAMENTS UND DES RATES

vom 17. Mai 2006

über Maschinen und zur Änderung der Richtlinie 95/16/EG (Neufassung)

(Text von Bedeutung für den EWR)

Abb. 4.3 Dokumentenkopf der Maschinenrichtlinie 2006/42/EG
Auch hier muss die Fundstelle zusammengestellt werden: ABl. L 157 vom 9.06.2006 Seite 24 ff.

4.5 Gesundheitsschutz

Die Richtlinien und Verordnungen zum Gesundheitsschutz kommen ins Spiel, wenn die Betriebsstoffe der Maschine als Gefahrstoff klassifiziert werden, z. B. ätzend oder brennbar sind.

Hierzu zählen die Richtlinie 2000/39/EG über Arbeitsplatz-Richtgrenzwerte, die Richtlinien 2014/34/EU und 1999/92/EG zum Explosionsschutz und die Verordnung EG/1272/2008 zur Kennzeichnung von Stoffen.

4.6 Klimaschutz

Der Klimaschutz wird im europäischen Recht vor allem über Verordnungen zu klimawirksamen Stoffen geregelt. Die erste wichtige Verordnung diente dem Schutz der Ozonschicht. Sie wurde zuletzt 2009 neu verfasst EG-VO 1005/2009. Durch sie wurden die vollhalogenierten und mittlerweile alle teilhalogenierten chlorhaltigen Kältemittel vom Markt genommen.

Die zweite wichtige Verordnung ist die sogenannte F-Gase-Verordnung. Die neueste Fassung ist EU-Verordnung 517/2014. Mit dieser Verordnung werden die Emissionsbegrenzung, Verwendung, Rückgewinnung und Zerstörung der fluorierten Stoffe und damit auch der fluorhaltigen voll- und teilhalogenierten Kältemittel geregelt. Das darin enthaltene Ausstiegsszenario (Phase Down) ist bereits in zahlreichen anderen Veröffentlichungen zu finden, daher wird es hier nicht in aller Ausführlichkeit dargestellt. Dieses gesetzlich festgelegte Vorgehen mit einer Quotenregelung ist die Ursache für den Preisanstieg von fluorierten und teilfluorierten Kältemitteln. Die wirtschaftliche Situation ist wiederum dafür verantwortlich, dass immer schneller zu Kältemitteln und Kältemittelgemischen mit niedrigem GWP gewechselt wird. Der Phase Down läuft daher erwartungsgemäß erheblich schneller ab, als durch den Gesetzgeber vorgesehen. Im Fahrwasser dieser Verordnung kommen noch eine Reihe von Verordnungen hinzu, die die Qualifikation des Personals, die Ausbildung hinsichtlich der Klimaproblematik und die Zertifizierung der Betriebe regeln.

Alle Betriebe, die mit fluorhaltigen Kältemitteln hantieren, müssen zertifiziert sein. Um dieses Zertifikat von den Aufsichtsbehörden zu bekommen, muss eine ausreichende Zahl von Mitarbeitern zertifiziert sein. Die Organisation der Ausbildung und Zertifizierung der Mitarbeiter obliegt den Mitgliedsstaaten. In Deutschland sind die Details in der Chemikalien-Klimaschutzverordnung geregelt, die in einigen Punkten zusätzliche Anforderungen zur europäischen Richtlinie stellt.

Die praktische Anwendung wird im Kapitel 12.2 dargestellt.

5 Umsetzung in deutsches Recht

Die europäische Gesetzgebung teilt sich auf in Rechtsnormen, die sich an die Mitgliedsstaaten wenden, und in Rechtsnormen, die sich direkt an die Bürger wenden. Europäische Richtlinien wenden sich an die Staaten und müssen erst in nationales Recht umgewandelt werden. Jeder Mitgliedsstaat kann hierfür seinen eigenen Weg wählen.

Die meisten Richtlinien, die die angewandte Kältetechnik betreffen, werden über die Verordnungen zum Produktsicherheitsgesetz in nationales Recht übergeführt. Das Gesetz und seine Verordnungen zitieren den Titel und die Fundstellen im europäischen Amtsblatt. Außerdem verwenden die Rechtsnormen die Begriffe und Inhalte der umgesetzten Richtlinien.

Großenteils wird der Text der europäischen Richtlinie nicht eins zu eins übernommen, sondern nur dem Inhalt entsprechend neu formuliert und teilweise auch ergänzt.

Die europäische Produkthaftung und die Richtlinie zur elektromagnetischen Verträglichkeit haben jeweils ein eigenes Gesetz bekommen. Einigen EU-Verordnungen werden nationale Ergänzungen zur Seite gestellt. Diese nationalen Ergänzungen dürfen allerdings die EU-Verordnung nicht abschwächen; aber sie können die Anforderungen verschärfen.

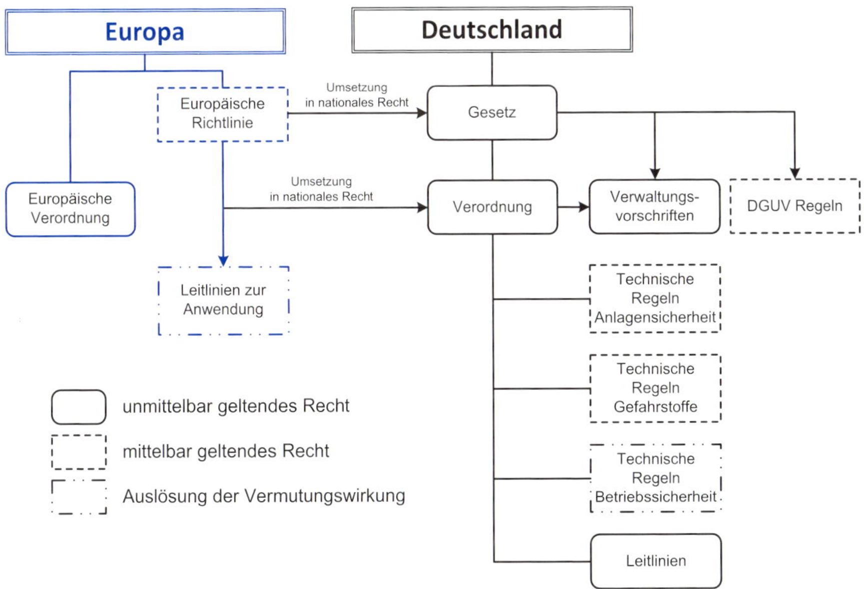

Abb. 5.1 Zusammenspiel europäisches und deutsches Recht

Tab. 5.1 Übersicht zur Umsetzung europäischen Rechts in deutsches Recht

EU Rechtsnorm	Nationale Umsetzung / Nationale Ergänzung	
2014/35/EU Niederspannungsrichtlinie	ProdSG 1. ProdSV	Produktsicherheitsgesetz Erste Verordnung zum Produktsicherheitsgesetz: Verordnung über die Bereitstellung elektrischer Betriebsmittel zur Verwendung innerhalb bestimmter Spannungsgrenzen
2006/42/EG Maschinenrichtlinie	ProdSG 9. ProdSV	Produktsicherheitsgesetz Neunte Verordnung zum Produktsicherheitsgesetz: Maschinenverordnung
2014/34/EU Explosionsschutz	ProdSG 11. ProdSV	Produktsicherheitsgesetz Elfte Verordnung zum Produktsicherheitsgesetz: Explosionsschutzverordnung
2014/68/EU Druckgeräterichtlinie	ProdSG 14. ProdSV	Produktsicherheitsgesetz Vierzehnte Verordnung zum Produktsicherheitsgesetz: Druckgeräteverordnung
1999/92/EG	ArbSchG BetrSichV	Arbeitsschutzgesetz Betriebssicherheitsverordnung
1985/374/EWG Produkthaftung	ProdHaftG	Produkthaftungsgesetz
2004/108/EG	EMVG	Gesetz über die elektromagnetische Verträglichkeit von Betriebsmitteln
Verordnung EG 1005/2009	ChemOzonSchichtV	Chemikalien Ozonschichtverordnung
Verordnung EU 517/2014	ChemKlimaschutzV	Chemikalien Klimaschutzverordnung
1999/45/EG (geändert durch Verordnung EG 1272/2008)	GefStoffV	Gefahrstoffverordnung
Verordnung EG 852/2004 und Richtlinien zur Lebensmittelhygiene	LMHV TLMV	Lebensmittelhygieneverordnung Verordnung über tiefgefrorene Lebensmittel

Zum Beispiel war bis zum vollständigen Ausstieg aus dem halogeniertem Kältemittel R22 (Difluormonochlormethan) nach der EU-Verordnung das Befüllen einer Kältemaschine nach dem Jahr 2000 für Neumaschinen noch erlaubt, wenn diese für den Export in ein Land bestimmt war, das dieses Kältemittel noch zuließ. In der deutschen Verordnung war und ist auch das Befüllen solcher Maschinen untersagt.

Die folgende Auflistung zeigt, welches deutsche Recht bei der Errichtung der Anlagen vor Ort zusätzlich beachtet werden muss, damit die Anlagen rechtskonform betrieben werden dürfen.

- **Energiewirtschaftsgesetz EnWG**

  Dies ist die Rechtsgrundlage der Netzanschlussverordnung:

  > Teil 3 Abschnitt 2 §17 Abs. 3
  >
  > Die Bundesregierung kann durch Rechtsverordnung mit Zustimmung des Bundesrates die Allgemeinen Bedingungen für den Netzanschluss und dessen Nutzung bei den an das Niederspannungs- oder Niederdrucknetz angeschlossenen Letztverbrauchern angemessen festsetzen […]

  Die rechtliche Verpflichtung zur Schaffung und Veröffentlichung der technischen Anschlussbedingungen (TAB) findet sich hier:

  > Teil 3 Abschnitt 2 §19 Abs. 1:
  >
  > Betreiber von Elektrizitätsversorgungsnetzen sind verpflichtet, unter Berücksichtigung der nach § 17 festgelegten Bedingungen für den Netzanschluss von Erzeugungsanlagen, Anlagen zur Speicherung elektrischer Energie Elektrizitätsverteilernetzen, Anlagen direkt angeschlossener Kunden, Verbindungsleitungen und Direktleitungen technische Mindestanforderungen an deren Auslegung und deren Betrieb festzulegen und im Internet zu veröffentlichen.

  In den folgenden Abschnitten wird festgelegt, dass die einschlägigen europäischen Normen und die VDE-Vorschriften anzuwenden sind. Bei Nichtanwendung der aaRdT kehrt sich die Beweislast um. Der Hersteller oder Betreiber muss beweisen, dass er dennoch die gesetzlichen Anforderungen erfüllt.

  > Teil 6 §49 Abs. 1
  >
  > Energieanlagen sind so zu errichten und zu betreiben, dass die technische Sicherheit gewährleistet ist. Dabei sind vorbehaltlich sonstiger Rechtsvorschriften die allgemein anerkannten Regeln der Technik zu beachten.
  >
  > Teil 6 §49 Abs. 2
  >
  > Die Einhaltung der allgemein anerkannten Regeln der Technik wird vermutet, wenn bei Anlagen zur Erzeugung, Fortleitung und Abgabe von
  >
  > 1. Elektrizität die technischen Regeln des Verbandes der Elektrotechnik Elektronik Informationstechnik e. V.,
  >
  > 2. Gas die technischen Regeln der Deutschen Vereinigung des Gas- und Wasserfaches e. V.
  >
  > eingehalten worden sind. Die Bundesnetzagentur kann zu Grundsätzen und Verfahren der Einführung technischer Sicherheitsregeln, insbesondere zum

zeitlichen Ablauf, im Verfahren nach § 29 Absatz 1 nähere Bestimmungen treffen, soweit die technischen Sicherheitsregeln den Betrieb von Energieversorgungsnetzen betreffen. Dabei hat die Bundesnetzagentur die Grundsätze des DIN Deutsches Institut für Normung e. V. zu berücksichtigen.

- **Netzanschlussverordnung NAV**

  Alter Rechtsgrundsatz: *Bundesrecht bricht Landesrecht*

  Diese Bundesverordnung ist in jedem Fall anzuwenden und gilt unabhängig von landesrechtlichen Regelungen. Auch diese Verordnung legt fest, dass die einschlägigen europäischen Normen und die VDE-Vorschriften anzuwenden sind.

  Außerdem wird hier festgeschrieben, dass die elektrische Prüfung vor Inbetriebnahme nur durch eingetragene Fachbetriebe möglich ist. Diese Bedingung wird von den Kältefachbetrieben in der Regel nicht erfüllt.

  §13 Abs. 1

  Für die ordnungsgemäße Errichtung, Erweiterung, Änderung und Instandhaltung der elektrischen Anlage hinter der Hausanschlusssicherung (Anlage) ist der Anschlussnehmer gegenüber dem Netzbetreiber verantwortlich. [...]

  §13 Abs. 2

  Unzulässige Rückwirkungen der Anlage sind auszuschließen. Um dies zu gewährleisten, darf die Anlage nur nach den allgemein anerkannten Regeln der Technik errichtet, erweitert, geändert und instandgehalten werden. *In Bezug auf die allgemein anerkannten Regeln der Technik gilt § 49 Abs. 2 Nr. 1 des Energiewirtschaftsgesetzes entsprechend. Die Arbeiten dürfen außer durch den Netzbetreiber nur durch ein in ein Installateurverzeichnis eines Netzbetreibers eingetragenes Installationsunternehmen durchgeführt werden*; [...] Mit Ausnahme des Abschnitts zwischen Hausanschlusssicherung und Messeinrichtung einschließlich der Messeinrichtung gilt Satz 4 nicht für Instandhaltungsarbeiten. Es dürfen nur Materialien und Geräte verwendet werden, die entsprechend § 49 des Energiewirtschaftsgesetzes unter Beachtung der allgemein anerkannten Regeln der Technik hergestellt wurden. [...]

- **Technische Anschlussbedingungen TAB**

  Diese Bedingungen sind Bestandteil eines Stromliefervertrags. Auch die TAB verlangen die Anwendung der VDE-Vorschriften. Das bedeutet aber auch, dass jeder, der einen solchen Vertrag unterschreibt, sich verpflichtet die VDE-Vorschriften einzuhalten (auch Privatpersonen)!

- **Wasserhaushaltsgesetz WHG**

  Das Wasserhaushaltsgesetz ist die Rechtsgrundlage mehrerer Verordnungen und Verwaltungsvorschriften. Das Gesetz legt auch die Fachbetriebspflicht fest.

§ 36 Anlagen in, an, über und unter oberirdischen Gewässern
Anlagen in, an, über und unter oberirdischen Gewässern sind so zu errichten, zu betreiben, zu unterhalten und stillzulegen, dass *keine schädlichen Gewässerveränderungen zu erwarten sind* und die Gewässerunterhaltung nicht mehr erschwert wird, als es den Umständen nach unvermeidbar ist. Anlagen im Sinne von Satz 1 sind insbesondere

[...]

2. Leitungsanlagen,

[...]

Im Übrigen gelten die landesrechtlichen Vorschriften.

§ 48 Reinhaltung des Grundwassers

(2) Stoffe dürfen nur so gelagert oder abgelagert werden, dass eine nachteilige Veränderung der Grundwasserbeschaffenheit nicht zu besorgen ist. *Das Gleiche gilt für das Befördern von Flüssigkeiten und Gasen durch Rohrleitungen.* Absatz 1 Satz 2 bis 4 gilt entsprechend.

§ 62 Anforderungen an den Umgang mit wassergefährdenden Stoffen
(1) [...] sowie Anlagen zum Verwenden wassergefährdender Stoffe im Bereich der gewerblichen Wirtschaft und im Bereich öffentlicher Einrichtungen müssen so beschaffen sein und so errichtet, unterhalten, betrieben und stillgelegt werden, dass eine nachteilige Veränderung der Eigenschaften von Gewässern nicht zu besorgen ist. *Das Gleiche gilt für Rohrleitungsanlagen, die*

1. den Bereich eines Werksgeländes nicht überschreiten,

2. *Zubehör einer Anlage zum Umgang mit wassergefährdenden Stoffen sind* oder

3. Anlagen verbinden, die in engem räumlichen und betrieblichen Zusammenhang miteinander stehen.

[...]

(2) Anlagen im Sinne des Absatzes 1 dürfen nur entsprechend den *allgemein anerkannten Regeln der Technik* beschaffen sein sowie errichtet, unterhalten, betrieben und stillgelegt werden.

[...]

(4) Durch Rechtsverordnung nach § 23 Absatz 1 Nummer 5 bis 11 können nähere Regelungen erlassen werden über

1. die Bestimmung der wassergefährdenden Stoffe und ihre Einstufung entsprechend ihrer Gefährlichkeit,

[...]

4. technische Regeln, die den allgemein anerkannten Regeln der Technik entsprechen,

5. Pflichten bei der Planung, der Errichtung, dem Betrieb, dem Befüllen, dem Entleeren, der Instandhaltung, der Instandsetzung, der Überwachung, der Überprüfung, der Reinigung, der Stilllegung und der Änderung von Anlagen nach Absatz 1 sowie Pflichten beim Austreten wassergefährdender Stoffe aus derartigen Anlagen; in der Rechtsverordnung kann die Durchführung bestimmter Tätigkeiten Sachverständigen oder Fachbetrieben vorbehalten werden,

[…]

7. Anforderungen an Sachverständige und Sachverständigenorganisationen sowie an Fachbetriebe und Güte- und Überwachungsgemeinschaften.

[…]

§62 Abs. 4 Ziffer 1 ist die Rechtsgrundlage der VwVwS. §23 Abs. 1 und §62 Abs. 4 Ziffer 5 sind die Rechtsgrundlagen für die Fachbetriebspflicht nach §45 AwSV.

- **Verwaltungsvorschrift wassergefährdende Stoffe VwVwS**

  Diese Verwaltungsvorschrift enthält die Auflistung von Stoffen mit der zugewiesenen Wassergefährdungsklasse: nwg, WGK1, WGK2 und WGK3.

  Die Zuordnung der Gefährdungsklassen gilt auch unter der aktuellen AwSV.

- **Verordnung über Anlagen zum Umgang mit wassergefährdenden Stoffen AwSV**

§2 Begriffsbestimmungen

(9) „*Anlagen zum Umgang mit wassergefährdenden Stoffen*“ (Anlagen) sind

1. Selbstständige und ortsfeste oder ortsfest benutzte Einheiten, *in denen wassergefährdende Stoffe* […] im Bereich der gewerblichen Wirtschaft oder im Bereich öffentlicher Einrichtungen *verwendet werden*, sowie

2. Rohrleitungsanlagen nach §62 Absatz 1 Satz 2 des WHG

Die Kältemaschinenöle, Wärmeträger (Kälteträger) mit Frostschutzmitteln und das Kältemittel Ammoniak sind wassergefährdende Stoffe. Damit fallen alle gewerblich oder im öffentlichen Bereich genutzten Kältemaschinen und Wärmepumpen in den Anwendungsbereich der Verordnung.

§21 Besondere Anforderungen an die Rückhaltung von Rohrleitungen

(3) Auf Rohrleitungen von […] und Kühlanlagen, die in Gebäuden mit einem Gemisch aus Wasser und Glykol betrieben werden sind die Absätze 1 und 2 Satz 2 nicht anzuwenden.

(4) Bei Kälteanlagen, in denen Ammoniak als Kältemittel verwendet wird, dürfen in dem Anlagenteil durch den die Kühlleistung erbracht wird, unterirdisch einwandige Rohrleitungen verwendet werden.

Diese Regelungen bedeuten, dass in den meisten Fällen auf Rückhaltesysteme für die Rohrleitungen, z. B. doppelwandige Rohre, verzichtet werden kann.

§35 Besondere Anforderungen an Erdwärmesonden und -kollektoren, Solarkollektoren und Kälteanlagen

[...]

(3) Solarkollektoren und Kälteanlagen im Freien mit flüssigen wassergefährdenden Stoffen bedürfen keiner Rückhaltung, wenn

1. sie durch selbsttätige Überwachungs- und Sicherheitseinrichtungen so gesichert sind, dass im Fall einer Leckage die Umwälzpumpe sofort abgeschaltet und ein Alarm ausgelöst wird,

2. sie als Wärmeträgermedien nur die folgenden Stoffe oder Gemische verwenden:

a) nicht wassergefährdende Stoffe oder

b) Gemische der Wassergefährdungsklasse 1, deren Hauptbestandteile Ethylen- oder Propylenglykol sind und

3. Kühlaggregate auf einer befestigten Fläche aufgestellt sind.

(4) Kälteanlagen mit gasförmigen wassergefährdenden Stoffen der Wassergefährdungsklasse 1 bedürfen keiner Rückhaltung.

Gasförmig sind Stoffe und Gemische, die bei 20°C und 101,3 kPa vollständig gasförmig sind. Oder die Stoffe und Gemische haben bei 50°C einen Dampfdruck von mehr als 300 kPa.

- **Musterbauordnung MBO**

  Hier finden sich bauordnungsrechtlichen Anforderungen und Genehmigungspflichten. Dies gilt insbesondere für den Brandschutz, Lärmschutz und das vereinfachte Genehmigungsverfahren. Heute können alle Außeneinheiten von Splitklimageräten grundsätzlich ohne ordentliche Baugenehmigung aufgestellt werden, sofern sie die Anforderungen an den Lärmschutz nach Herstellerangaben erfüllen. Eine Überprüfung findet nur statt, wenn der Verdacht besteht, dass die Lärmpegel zu hoch sind.

- **Muster-Leitungsanlagen-Richtlinie M-LAR**

  Diese Richtlinie beschreibt die Bauordnungsrechtlichen Anforderungen zum Brandschutz. Sie gilt sowohl für die elektrische Ausrüstung als auch für die Rohrleitungen der Maschine.

- **Lebensmittelhygieneverordnung**

  Die Hygienevorschriften enthalten Anforderungen an die Oberflächenbeschaffenheit und Reinhaltung der Komponenten. Außerdem ist die Anwendung eines HACCP-Konzepts durch den Betreiber der Anlage gefordert. Das HACCP-Konzept des Betreibers legt auch die Lagertemperatur, die maximal zulässige Einbringtemperatur und die maximal zulässige Erwärmung bei Weiterverarbeitung und Verpackung fest. Eine Zusammenfassung der gesetzlich zulässigen Temperaturen enthält die DIN 10508 (s.u.).

- **Verordnung über tiefgefrorene Lebensmittel TLMV**

  Diese Hygienevorschrift fordert nicht nur ein HACCP-Konzept ein, sie legt auch die Anforderungen für die Temperaturaufzeichnung fest. Die gesetzlich zugelassenen Temperaturen findet man wieder in der DIN 10508 (s. u.).

  Der § 2a bestimmt, dass die Temperatur bei der Beförderung und während der Einlagerung regelmäßig gemessen und aufgezeichnet wird. Die Meßintervalle müssen so gewählt bzw. eingestellt werden, dass das Temperaturgeschehen nachvollziehbar ist.

  Tiefgefrorene Lebensmittel dürfen sich auf dem Transport oder bei Umlagerung o. Ä. höchstens um 3 K erwärmen. Fällt die Erwärmung höher aus, müssen die Lebensmittel unverzüglich verbraucht werden.

  Maximal zulässige Produkttemperatur (Kerntemperatur) für Lebensmittel nach DIN 10508:

tiefgefrorene Lebensmittel (außer Speiseeis)	–18 °C (maximal zulässige Erwärmung 3 K)
gefrorene Lebensmittel (außer Speiseeis)	–12 °C (maximal zulässige Erwärmung 3 K)
Speiseeis in Fertigpackungen	–18 °C (maximal zulässige Erwärmung 3 K)
Speiseeis zum Ausportionieren	–10 °C (maximal zulässige Erwärmung 3 K)
Butter	+10 °C
Frischkäse und Zubereitungen	+10 °C
frisches Fleisch	+7 °C
frisches Großwild (Haarwild)	+7 °C
Hauskaninchen	+4 °C
Kleinwild	+4 °C
frisches Geflügel	+4 °C
Eiprodukte	+4 °C

Maximal zulässige Lufttemperatur in Räumen oder Kühlvitrinen für Lebensmittel nach DIN 10508:

lebende Muscheln	+10 °C
frische Fischereierzeugnisse	0 °C
verarbeitete Fischereierzeugnisse	+7 °C
Hühnereier	+5 bis +8 °C
Hackfleisch zur alsbaldigen Ausgabe	+7 °C

- **Bundesimmissionsschutzgesetz BImSchG**

  Das Gesetz soll Menschen, Tiere, Pflanzen, den Boden, das Wasser und die Atmosphäre vor schädlichen Umwelteinwirkungen schützen und der Entstehung solcher schädlichen Umwelteinwirkungen vorbeugen.

  Das Gesetz unterscheidet hierzu zwischen genehmigungsbedürftigen und nicht genehmigungsbedürftigen Anlagen. Es ermächtigt die Bundesregierung mit Zustimmung des Bundesrates entsprechende Verordnungen zu erlassen.

  Das Gesetz ist auch die Rechtsgrundlage für die Kommission für Anlagensicherheit und die von ihr aufgestellten technischen Regeln (TRAS).

- **4. BImSchV Verordnung über genehmigungsbedürftige Anlagen**

  In dieser Verordnung wird festgelegt, welche Maßstäbe angelegt werden, um zu entscheiden, welche Anlagen entsprechend dem BImSchG genehmigt werden müssen und welche Anlagen nicht.

  In dieser Verordnung wird auch festgelegt, ob das ordentliche oder vereinfachte Genehmigungsverfahren angewendet werden muss.

  Zu den genehmigungspflichtigen Anlagen gehören Kältemaschinen und Wärmepumpen mit dem Kältemittel R717 (Ammoniak), wenn die Füllmenge 3 Tonnen oder mehr beträgt. Es ist das vereinfachte Genehmigungsverfahren nach §19 anzuwenden. Eine Umweltverträglichkeitsprüfung ist im Allgemeinen auch nicht erforderlich, da die Rohrleitungsanlagen, das Werksgelände nicht verlassen und die Rohrdurchmesser kleiner als 150 mm sind.

- **12. BImSchV Störfallverordnung**

  In dieser Verordnung sind die Maßnahmen beschrieben, die beim Betrieb genehmigungspflichtiger Anlagen bestimmter Größe notwendig sind, um für den Fall einer Havarie gerüstet zu sein.

  Bei Kältemaschinen und Wärmepumpen sind Kältemittel und Füllmenge die Kriterien, die zur Beurteilung herangezogen werden.

  Derzeit muss die Störfallverordnung angewendet werden, wenn das Kältemittel R717 verwendet wird und die Füllmenge gleich oder größer 50 t sind. Ab 3 t Füllmenge wird nur empfohlen, die Regelungen der Störfallverordnung anzuwenden. Im Allgemeinen wird dieser Empfehlung gefolgt.

Die deutschen Gesetze und Verordnungen stehen seit einigen Jahren im Internet zum Download auf der Internetseite www.juris.de kostenlos zur Verfügung.

Die Bundesländer betreiben eigene Internetseiten, auf denen man z. B. die Länderbauordnung und Verwaltungsvorschriften zum Gewässerschutz findet, diese nationalen Bestimmungen müssen zumindest bei der Montage vor Ort beachtet werden.

Eine weitere Fundstelle sind die Internetseiten der Bundesministerien und Bundesämter:

- Bundesministerium für Wirtschaft und Energie: www.bmwi.de
- Bundesministerium für Arbeit und Soziales: www.bmas.de
- Bundesanstalt für Arbeitsschutz und Arbeitsmedizin: www.baua.de (TRBS, TRGS, TRAS etc.)
- Bundesumweltamt: www.bundesumweltamt.de

6 Festlegungen für die Konstruktion

Die Maschinen müssen für einen bestimmten maximal zulässigen Betriebsdruck ausgelegt sein. Dieser zulässige Betriebsdruck *PS* wird vom Hersteller/Errichter festgelegt. Dieser Wert ist nicht notwendigerweise identisch mit dem zulässigen Betriebsdruck, den der Betreiber später festlegt. In der harmonisierten Norm EN 378-2 sind zwei Verfahren beschrieben, um den zulässigen Betriebsdruck *PS* festzulegen. Das erste Verfahren ist ein reines Rechenverfahren und das zweite Verfahren legt über die anzuwendenden Mindestkonstruktionstemperaturen *TS* auch die Mindestkonstruktionsdrücke der Anlage fest.

Des Weiteren müssen die sicherheitstechnische Ausrüstung und die Druckgerätekategorie bestimmt werden.

Im Anschluss hieran muss die elektrische Ausrüstung dimensioniert werden. Die Kältemaschinen und Wärmepumpen fallen hier in den Geltungsbereich der DIN VDE 0113. Sofern in dieser Norm nichts Anderes bestimmt ist, gelten die übrigen VDE-Vorschriften, z. B. VDE 0100-400 oder VDE 0296.

6.1 Festlegung des maximal zulässigen Betriebsdrucks durch den Hersteller

Für das Rechenverfahren nach EN 378-2 müssen zunächst die Umgebungstemperaturen festgelegt werden, die maximal auftreten können. Hierbei sind auch die Sonneneinstrahlung und die Anwendung zu berücksichtigen. Bei einer Heißgasabtauung muss beispielsweise berücksichtigt werden, dass alle Komponenten der Niederdruckseite, die während der Abtauung mit dem Druckgas durchströmt werden, den gleichen zulässigen Betriebsdruck haben müssen, wie die Hochdruckseite der Maschine.

Durch direkte Sonneneinstrahlung können höhere Temperaturen in der Maschine erreicht werden, als durch konvektive Erwärmung durch die Umgebungsluft.

Das erste Verfahren legt den zulässigen Betriebsdruck ausschließlich nach den zu erwartenden oder in Absprache mit dem Betreiber festgelegten Betriebsbedingungen fest. Hierbei sind vor allem der vorgesehene Aufstellungsort und die dort herrschenden Umgebungstemperaturen wichtig.

Die luftgekühlten Verflüssiger werden in der Regel für eine Verflüssigungstemperatur ausgelegt, die 15 K über der Lufteintrittstemperatur liegt. Legt man eine maximale Lufteintrittstemperatur von 32 °C zugrunde, dann muss eine Kältemaschine also im normalen Betrieb bei einer Verflüssigungstemperatur von 47 °C arbeiten können. Die Hochdruckstörung muss mit ausreichendem Abstand bei noch höheren Werten erfolgen. Aber die Verdichtungsendtemperatur darf nicht so hoch werden, dass das Kältemaschinenöl verbrennt. Die Erfahrung lehrt, dass dies bei einer Verflüssigungstemperatur von ca. 56 bis 60 °C noch gewährleistet ist (gilt für die Frigene).

Kleinere Temperaturdifferenzen an den Wärmeübertragern führen zu größeren Apparaten, geringerem Energiebedarf und höheren Anschaffungskosten. Größere Temperaturdifferenzen führen entsprechend zu kleineren Geräten, höherem Energiebedarf und geringeren Anschaffungskosten. Wäre man also aus Platzgründen gezwungen, einen kleineren Verflüssiger aufzustellen, der eine Temperaturdifferenz von 25 K erfordert, dann muss dies auch bei der Konstruktionstemperatur und dem Druck berücksichtigt werden. Legen wir wieder eine maximale Lufteintrittstemperatur von 32 °C zugrunde, muss die Kältemaschine im normalen Betrieb bei 57 °C verflüssigen können. Man muss nun einen zulässigen Betriebsdruck von 60 oder 65 °C festlegen, damit die Anlage unter diesen Betriebsbedingungen nicht mit einer Hochdruckstörung ausfällt.

Der Kälteanlagenbauer gibt den Verflüssigungs- und Verdampfungsdruck in der Regel in °C an. Dies ist nicht etwa physikalisch falsch, sondern eine im Sprachgebrauch der Experten übliche Abkürzung. In Wirklichkeit gibt der Kälteanlagenbauer die Sättigungstemperatur des Kältemitteldampfs an, bei der die Aggregatzustandsänderung stattfindet. Dieser Sättigungstemperatur ist aber immer ein bestimmter Druck eindeutig zugeordnet. Der tatsächliche Druck kann in Dampftafeln oder Kältemittelschiebern abgelesen werden. Die Kältemittelschieber gibt es aus Kunststoff oder als App für das Smartphone. Und auch die eingesetzten Manometer besitzen die entsprechenden Temperaturskalen verschiedener Kältemittel.

Das zweite Verfahren legt den zulässigen Betriebsdruck durch die Mindestkonstruktionstemperatur fest. Hierbei gilt für die Hochdruckseite, dass die festgelegten Temperaturen als die höchsten angenommen werden, die während des Betriebs auftreten. Bei ausgeschaltetem Verdichter (Stillstand) ist die Temperatur niedriger. Zur Berechnung des Drucks der Niederdruckseite und/oder der Zwischendruckseite genügt es, die Temperaturen zugrunde zu legen, die während des Verdichterstillstands erwartet werden. Allerdings führt die Anwendung von festgelegten Temperaturen nicht immer zum Sattdampfdruck des Kältemittels in der Anlage. In einer ausführlichen Fußnote wird hierzu auf Anlagen mit begrenzter Füllmenge oder Anlagen, die mit Temperaturen größer oder gleich der kritischen Temperatur betrieben werden, hingewiesen. Für zeotrope Kältemittelgemische ist festgelegt, dass der maximal zulässige Druck *PS* der Druck am Siedepunkt ist.

- Mindestkonstruktionstemperaturen bei Umgebungstemperatur ≤ 32 °C

  Hochdruckseite
  - mit luftgekühltem Verflüssiger $TS = 55$ °C
  - mit wassergekühltem Verflüssiger $TS = t_{w2,max} + 8$ K, maximale Austrittstemperatur plus 8 K und mindestens die Bemessungstemperatur *TS* der Niederdruckseite
  - Wärmepumpe $TS = t_{w2,max} + 8$ K, maximale Austrittstemperatur plus 8 K und mindestens die Bemessungstemperatur *TS* der Niederdruckseite
  - mit Verdunstungsverflüssiger $TS = 43$ °C

  Niederdruckseite
  - mit Wärmeaustauscher, der den Umgebungstemperaturen der Außenseite ausgesetzt ist $TS = 32$ °C
  - mit Wärmeaustauscher, der den Umgebungstemperaturen der Innenseite ausgesetzt ist $TS = 27$ °C
- Mindestkonstruktionstemperaturen bei Umgebungstemperatur ≤ 38 °C

  Hochdruckseite
  - mit luftgekühltem Verflüssiger $TS = 59$ °C
  - mit wassergekühltem Verflüssiger $TS = t_{w2,max} + 8$ K, maximale Austrittstemperatur plus 8 K und mindestens die Bemessungstemperatur *TS* der Niederdruckseite
  - Wärmepumpe $TS = t_{w2,max} + 8$ K, maximale Austrittstemperatur plus 8 K und mindestens die Bemessungstemperatur *TS* der Niederdruckseite
  - mit Verdunstungsverflüssiger $TS = 43$ °C

  Niederdruckseite
  - mit Wärmeaustauscher, der den Umgebungstemperaturen der Außenseite ausgesetzt ist $TS = 38$ °C
  - mit Wärmeaustauscher, der den Umgebungstemperaturen der Innenseite ausgesetzt ist $TS = 33$ °C
- Mindestkonstruktionstemperaturen bei Umgebungstemperatur ≤ 43 °C

  Hochdruckseite
  - mit luftgekühltem Verflüssiger TS = 63 °C

- mit wassergekühltem Verflüssiger $TS = t_{w2,max} + 8$ K, maximale Austrittstemperatur plus 8 K und mindestens die Bemessungstemperatur *TS* der Niederdruckseite
- Wärmepumpe $TS = t_{w2,max} + 8$ K, maximale Austrittstemperatur plus 8 K und mindestens die Bemessungstemperatur *TS* der Niederdruckseite
- mit Verdunstungsverflüssiger *TS* = 43 °C

Niederdruckseite

- mit Wärmeaustauscher, der den Umgebungstemperaturen der Außenseite ausgesetzt ist *TS* = 43 °C
- mit Wärmeaustauscher, der den Umgebungstemperaturen der Innenseite ausgesetzt ist *TS* = 38 °C

• Mindestkonstruktionstemperaturen bei Umgebungstemperatur ≤ 55 °C

Hochdruckseite

- mit luftgekühltem Verflüssiger *TS* = 67 °C
- mit wassergekühltem Verflüssiger $TS = t_{w2,max} + 8$ K, maximale Austrittstemperatur plus 8 K und mindestens die Bemessungstemperatur *TS* der Niederdruckseite
- Wärmepumpe $TS = t_{w2,max} + 8$ K, maximale Austrittstemperatur plus 8 K und mindestens die Bemessungstemperatur *TS* der Niederdruckseite
- mit Verdunstungsverflüssiger *TS* = 55 °C

Niederdruckseite

- mit Wärmeaustauscher, der den Umgebungstemperaturen der Außenseite ausgesetzt ist *TS* = 55 °C
- mit Wärmeaustauscher, der den Umgebungstemperaturen der Innenseite ausgesetzt ist *TS* = 38 °C

Tab. 6.1 Sattdampfdruck verschiedener Kältemittel bei den Mindestkonstruktionstemperaturen *TS*
Achtung: Der Sattdampf ist in der Tabelle als Absolutdruck angegeben!
Der zulässige Druck *PS* ist ein Effektivwert. Es muss von den Tabellenwerten der Normaldruck p = 101,325 kPa (1,01325 bar) abgezogen werden.

Kältemittel	Mindestkonstruktionsdruck der Hochdruckseite bei *TS*				Mindestkonstruktionsdruck der Niederdruckseite bei *TS*			
	bar				bar			
	55 °C	59 °C	63 °C	67 °C	27 °C	33 °C	38 °C	43°C
R 32	35,20	38,47	41,99	45,76	17,82	22,82	23,59	26,64
R 134a	14,92	16,42	18,04	19,78	7,06	8,39	9,63	11,01
R 152a	13,32	14,66	16,10	17,64	6,33	7,51	8,62	9,84
R 410 A	33,957	37,091	40,445	44,035	17,301	20,179	22,843	25,767
R 422 D	23,379	25,529	27,828	30,286	11,893	13,885	15,727	17,745
R449A	26,26	28,64	31,17	33,86	13,44	15,67	17,73	20,00
Opteon XP 40	26,26	28,64	31,17	33,86	13,44	15,67	17,73	20,00
R513	15,56	17,06	18,65	20,35	7,59	8,96	10,23	11,63
R 290	19,066	20,743	22,528	24,426	9,972	11,568	13,036	14,636
R 600a	7,814	8,589	9,420	10,309	3,743	4,435	5,082	5,796
R 717	23,100	24,511	28,106	30,894	10,663	12,745	14,704	16,883
R 744	transkritisch				67,361	transkritisch		

6.1.1 Beispiel: Verfahren 1 – Luft-Wasser-Wärmepumpe

Die benötigten Stoffdaten finden wir im Anhang E der DIN EN 378-1 oder in einer Stoffdatenbank und zum Teil in den europäischen Sicherheitsdatenblättern. Bei den Stoffdatenbanken ist vor allem die halbamtliche GESTIS-Stoffdatenbank zu empfehlen.

Bei dem Kältemittel Kohlendioxid (R744) findet man folgende Daten:

Sicherheitsgruppe nach EN:	A1
Fluidgruppe nach DGRL:	2
ATEL / ODL:	0,07 kg m^{-3}
untere Explosionsgrenze LFL:	nicht anwendbar
ODP:	0
GWP:	1
Selbstentzündungstemperatur:	nicht bestimmt

In der GESTIS-Stoffdatenbank findet man derzeit folgende zusätzliche Angaben:

AGW: 5000 ml m^{-3} ≙ 9,1 g m^{-3}
Überschreitungsfaktor: 2, Dauer: 15 min, viermal pro Schicht, Abstand: 1 h

Die Anlage wird mit Kupferrohren ausgeführt. Der rechnerische Nachweis findet zum Vergleich sowohl für Kupferrohr mit dem Werkstoff Cu-DHP (CW024A) und dem Werkstoff $CuFe_2P$ (CW107C) statt.

Der rechnerische Nachweis kann z. B. mit Hilfe des AD 2000-Regelwerks geführt werden.

Bei Kältemaschinen und Wärmepumpen, die mit dem Werkstoff Kupfer und einem anderen Kältemittel als Ammoniak gebaut werden, treffen folgende Regeln zu:

- HP 30 Durchführung von Druckprüfungen
- HP 100 R Rohrleitungen

Abschnitt 7.3 Löten

7.3.1 Lötverbindungen an Rohrleitungen müssen unter Verwendung geeigneter Arbeitsmittel als Hartlötverbindung durch Spaltlötung (Kapillarlötung) so ausgeführt und hergestellt werden, dass eine einwandfreie Lötung gewährleistet ist. Lötverbindungen sind zulässig bis DN 32 (35 × 1,5 mm).

7.3.3 Der Nachweis der Anforderungen nach 7.3.1 gilt als erbracht, wenn

- für die Lötungen eine Lötverfahrensprüfung vorliegt. Die Verfahrensprüfung ist [...] mit der zuständigen unabhängigen Stelle durchzuführen (entspricht der benannten Stelle bzw. ZÜS) [...]
- nur Löter eingesetzt werden, die im Rahmen einer Verfahrensprüfung [...] ihre Qualifikation nachgewiesen oder diesen Nachweis in Anlehnung [...] erbracht haben

Die Zulassung der Verfahrensprüfung und des Personals erfolgt durch die zuständige unabhängige Stelle.

Diese Aussagen decken sich weitgehend mit der harmonisierten Norm EN 14276-1 und -2. Diese Norm fordert im Rahmen einer Verfahrensprüfung die Prüfung der Hartlöter nach der harmonisierten Norm EN ISO 13585. Die EN 14276-2 kennt Interessanter Weise nur gelötete Rohrleitungen bis Außendurchmesser OD 42 mm (42 × 2 mm entsprechend DN 38).

Rohrleitungen größer DN 32 bzw. DN 38
Da die nationale Regel AD 2000-HP 100 R bereits ab DN 32 und die europäische Norm EN 14276-2 ab DN 38 keine gelöteten Rohre mehr zulassen oder kennen, muss man entweder zu geeigneten Schweißverfahren wechseln oder eine Freigabe durch die benannte Stelle erhalten.
Im Rahmen der Lötverfahrensprüfung können einzelne oder auch alle Mitarbeiter für größere Rohrdurchmesser zugelassen werden, wenn nachgewiesen wurde, dass die Lötnähte den erforderlichen Drücken standhalten (Betrieb, Druckprüfung, Dichtheitsprüfung).
Die Lötverfahrensprüfung wird von der benannten Stelle des herstellenden Betriebs durchgeführt.

- HP 512 R Entwurfs-, Schluss- und Druckprüfung von Rohrleitungen (durch die benannte Stelle)
- HP 801 Nr. 14 Druckbehälter in Kälteanlagen und Wärmepumpen

  Diese Vorschrift enthält im Wesentlichen die alten gesetzlichen Regelungen der technischen Regeln zur Druckbehälterverordnung. Da die TRAS 110 Bezug auf diese Regel nimmt, ist sie vor allem bei Ammoniakanlagen zu berücksichtigen.
- B0 Berechnung von Behältern

  Dieses Merkblatt enthält grundlegende Festlegungen für die AD 2000-Merkblätter der Reihen B und S. Die Merkblätter dieser beiden Reihen können deshalb nur zusammen mit dem Merkblatt B0 verwendet werden.

  Hier sind die verwendeten Formelzeichen, Festlegungen zum Berechnungsdruck, der Berechnungstemperatur und verschiedenen Beiwerte verzeichnet und definiert.
- B1 Zylinder- und Kugelschalen unter innerem Überdruck

  Alle Rohrleitungen und Sammelbehälter haben die Form eines Zylinders und die Böden der Behälter sind üblicherweise kugelförmig. Im gefüllten Zustand herrscht in den Kältemaschinen im Normalfall ein innerer Überdruck. Dieses Merkblatt wird daher zum rechnerischen Nachweis der Druckfestigkeit der Komponenten und Apparate herangezogen.
- B6 Zylinderschalen unter äußerem Überdruck

  Die Maschinen müssen vor dem Befüllen mit Kältemittel evakuiert werden, d. h. im Inneren herrscht ein Unterdruck oder eben ein äußerer Überdruck von maximal 101 kPa.

  Die Rohrleitungen sind aufgrund des geringen Durchmessers in der Regel unkritisch. Aber Behälter, insbesondere Abscheidebehälter, sind wegen ihrer verhältnismäßig großen Durchmesser sehr dünnwandige Gebilde und können vom äu-

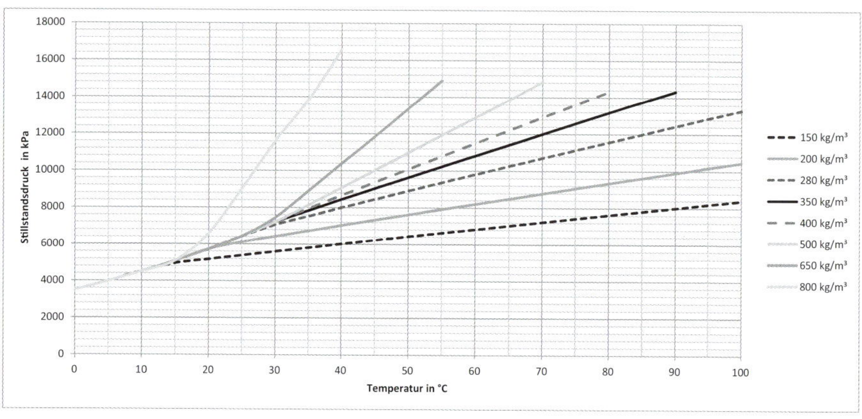

Abb. 6.1 Anlagendruck in CO_2-Kältemaschinen in Abhängigkeit von Füllfaktor und Temperatur

ßeren Luftdruck zerquetscht werden. Der Konstrukteur eines Behälters muss also auch die Druckfestigkeit für diese Situation nachweisen.

- B9 Ausschnitte in Zylindern, Kegeln und Kugeln

  An die Behälter müssen Rohrleitungen angeschlossen werden oder Schaugläser eingesetzt werden. Dieses Merkblatt beschreibt die möglichen konstruktiven Verstärkungen dieser Schwachstellen und die mathematische Vorgehensweise zur Berechnung.

Für die Festlegung des zulässigen Betriebsdrucks müssen zunächst die Umgebungsbedingungen festgelegt werden. Wenn die Wärmepumpe nur für Niedertemperaturheizkreisläufe vorgesehen ist, dann könnte gelten:

- Vorlauftemperatur t_V: 35 °C
- Rücklauftemperatur t_R: 20 °C
- Verflüssigungstemperatur t_C: 40 °C
- Außenlufttemperatur Beginn Heizperiode t_a: 18 °C
- Außenlufttemperatur im Winter t_a: –20 °C
- Minimale Verdampfungstemperatur $t_{o,min}$: –30 °C
- Maximale Verdampfungstemperatur $t_{o,max}$: +8 °C

Die maximale Wasseraustrittstemperatur am Verflüssiger soll 35 °C betragen, dann ist die Mindestkonstruktionstemperatur TS = 35 °C + 8K = 43 °C. Bei dieser Temperatur wird das Kältemittel R744 bereits transkritisch verwendet. Für den transkritischen Betrieb wird in der Regel ein zulässiger Betriebsüberdruck von 120 bis 140 bar gewählt. Hier wählen wir $PSHD$ = 120 bar.

Für die Niederdruckseite ist die maximal erwartete Umgebungstemperatur ausschlaggebend. Es ist ein Druck zu wählen, der über dem maximalen Dampf- bzw. Gasdruck liegt. Bei einer maximalen Umgebungstemperatur von 27 °C gilt auch *TS* = 27 °C und *PS* = 67,361 bar. Bei höheren Temperaturen wird das Kältemittel ebenfalls in den transkritischen Zustand wechseln. Dann muss der maximal mögliche Druck über das Anlagenvolumen und die vorgesehene Füllmenge bestimmt werden.

Eine Anlage mit 2 dm^3 Volumen und 560 g Füllmenge hat einen Füllfaktor von 280 kg/m^3. Bei 40 °C ergibt sich ein maximal zu erwartender Druck von *PS* = 80 bar. Ein Füllfaktor von 200 kg/m^3 ergibt einen maximal zulässigen Betriebsdruck von *PS* = 70 bar. Niedrigere Drücke können dann nur mit Stillstandskühlung und / oder ausreichender Wärmedämmung erreicht werden.

Rohrleitungen sind Zylinderschalen im Sinne der AD2000-Merkblätter. Für den rechnerischen Nachweis der Druckfestigkeit kann daher Gleichung 2 des Merkblatts B1 eingesetzt werden. Die Gleichung wird zum Berechnungsdruck p umgestellt und lautet dann:

$$p = \frac{20 \cdot K \cdot v}{\left(\frac{D_a}{s - c_1 - c_2}\right) \cdot S}$$

mit

p Berechnungsdruck in bar, hier gleich dem maximal zulässigen Betriebsdruck *PS*

K Festigkeitskennwert in N/mm^2

Cu-DHP: 290 N/mm^2

$CuFe_2P$: 300 N/mm^2 (für $D > 15{,}87$ mm laut Hersteller)

v Ausnutzung der zulässigen Berechnungsspannung, Hartlöten: $v = 0{,}8$

D_a Außendurchmesser in mm

s Wandstärke in mm

c_1 Zuschlag zur Berücksichtigung der Wanddickenunterschreitung, Cu-Rohr nach DIN EN 12735-1 ($s \geq 1$ mm):

$D_a < 18$ mm	$c_1 = 0{,}13$ mm
18 mm $\leq D_a <$ 28 mm	$c_1 = 0{,}15$ mm
28 mm $\leq D_a <$ 42 mm	$c_1 = 0{,}23$ mm

c_2 Abnutzungszuschlag, Nichteisenmetall $c_2 = 0{,}0$

S Sicherheitsfaktor, gelötet S = 4,0

Tab. 6.2 Maximal zulässiger Betriebsdruck berechnet nach AD-2000 Merkblatt B1 für die genormten Rohrabmessungen.
Wichtiger Hinweis: Der Hersteller des zölligen Kupferrohrs K65 ($CuFe_2P$) gibt die hier genannten Abmessungen für einen zulässigen Betriebsdruck von PS = 120 bar frei. Offenbar wurde nachgewiesen, dass die Rohre und zugelassenen Fittings auch im hartgelöteten Zustand die geforderte Sicherheit haben.

Cu-DHP			$CuFe_2P$		
$D_a \times s$ mm	PS bar		$D_a \times s$ mm	PS bar	
	S = 4,0	S = 2,4		S = 4,0	S = 2,4
6 × 1	168,2	280,3	-	-	-
8 × 1	126,2	210,3	-	-	-
10 × 1	100,9	168,2	9,52 × 0,65	97,1	161,8
12 × 1	84,1	140,2	12,7 × 0,85	99,2	165,4
15 × 1	67,3	112,1	-	-	-
16 × 1	63,1	105,1	15,87 × 1,05	97,4	162,3
18 × 1	54,8	91,3	19,05 × 1,3	72,4	120,7
22 × 1	44,8	74,7	22,23 × 1,5	72,9	121,5
28 × 1,5	52,6	87,7	28,57 × 1,9	70,1	116,9
35 × 1,5	42,1	70,2	34,92 × 2,3	71,1	118,6
42 × 2	48,9	81,5	41,27 × 2,7	71,8	119,7
54 × 2	38,0	63,4	-	-	-

Das handelsübliche Kälterohr kann also in transkritischen Kältemaschinen auf der HD-Seite in den Durchmessern 6 und 8 mm problemlos eingesetzt werden. Für größere Abmessungen muss strenggenommen durch regelkonforme Festigkeitsprüfung die Einsetzbarkeit nachgewiesen werden, da das Regelwerk für hartgelötete Rohre einen Sicherheitsfaktor von 4,0 vorschreibt. Kleinere Sicherheitsfaktoren dürfen nur gewählt werden, wenn die Kräfte, die auf das Rohr einwirken, genau bekannt sind und das Rohr nicht vollständig ausgeglüht wird, weil beispielsweise ein Silberlot mit niedriger Arbeitstemperatur eingesetzt wird.

Auf der ND-Seite könnte man bis zum Durchmesser 12 mm und einem Füllfaktor von 280 kg/m^3 das handelsübliche Kälterohr einsetzen ohne zusätzliche Festigkeitsnachweise zu erbringen.

6.1.2 Beispiel: Verfahren 2 – Kältemaschine

Die Kältemaschine soll für mehrere Normalkühlräume mit R134a gefüllt werden. Die Maschine wird mit einem Rückkühler und einer Heißgasabtauung betrieben.

Zu dem Kältemittel findet man die notwendigen Stoffdaten u. a. im Anhang E der DIN EN 378-1:

Sicherheitsgruppe nach EN:	A1
Fluidgruppe nach DGRL:	2
ATEL / ODL:	0,21 kg m^{-3}
untere Explosionsgrenze LFL:	nicht anwendbar
ODP:	0
GWP:	1300
Selbstentzündungstemperatur:	743 °C

Die höchste Rückkühlwassertemperatur kann an einem Sommertag mit 36 °C bis 38 °C angenommen werden. Damit liegen die höchste Wasseraustrittstemperatur bei ca. 44 °C und die Verflüssigungstemperatur bei ca. 48 °C. Damit soll nach DIN EN 378-2 die Mindestkonstruktionstemperatur *TS* = 56 °C betragen.

Die Kühlräume sollen im Gebäudeinneren liegen und die Umgebungstemperatur liegt in Deutschland bei ca. 32 °C. Es kann also mit einer Mindestkonstruktionstemperatur *TS* = 27 °C gearbeitet werden.

Der zulässige Betriebsdruck der Hochdruckseite muss demnach höher als 14,27 bar und der zulässige Betriebsdruck der Niederdruckseite höher als 6,05 bar sein. Da mit einer Heißgasabtauung gearbeitet wird, muss der zulässige Betriebsdruck der ND-Seite aber dem Druck der HD-Seite entsprechen.

Die Festlegung durch den Hersteller lautet daher beispielsweise:

max. zulässiger Betriebsdruck der Hochdruckseite *PS* (HD):	16 bar
max. zulässiger Betriebsdruck der Niederdruckseite *PS* (ND):	16 bar
maximale Außentemperatur:	34,0 °C

Alle eingesetzten Komponenten müssen diese Festlegung erfüllen.

6.1.3 Beispiel: Verfahren 2 – Luft-Luft-Wärmepumpe

Die Wärmepumpe soll mit dem Kältemittel R32 betrieben werden. Die benötigten Stoffdaten finden wir wieder im Anhang E der DIN EN 378-1 oder der halbamtlichen GESTIS-Stoffdatenbank.

Nach DIN EN 378-1:2012 gelten folgende Daten:

Sicherheitsgruppe nach EN:	A2
Fluidgruppe nach DGRL:	1
ATEL / ODL:	0,298 kg m^{-3}
untere Explosionsgrenze LFL:	0,307 kg m^{-3}
ODP:	0
GWP:	550
Selbstentzündungstemperatur:	648 °C

In der GESTIS-Stoffdatenbank findet man aktuell folgende abweichende oder zusätzliche Angaben:

untere Explosionsgrenze LFL:	12,7 Vol.-%	≙ 127.000 ml m^{-3}	≙ 274,32 g m^{-3}
obere Explosionsgrenze UFL:	33,4 Vol.-%	≙ 334.000 ml m^{-3}	≙ 721,44 g m^{-3}
ODP:	0		
GWP:	660		
Selbstentzündungstemperatur:	648 °C		
Temperaturklasse:	T1		

Im Zweifelsfall gilt immer die schärfere Bedingung, d. h. für die Explosionsschutzbetrachtungen gilt LFL = 0,274 kg m^{-3}.

Die Wärmepumpe soll in einem Raum mit der maximalen Lufttemperatur von 24 °C errichtet werden, d. h. die betriebsmäßige Verflüssigungstemperatur liegt bei ca. 39 °C. Da die Umgebungstemperatur kleiner als 32 °C ist, ist eine Mindestkonstruktionstemperatur von TS = 55 °C anzusetzen.

Damit gilt für den zulässigen Betriebsdruck der Hochdruckseite $PS \geq 34{,}19$ bar.

Bei der Luft-Luft-Wärmepumpe ist der Verdampfer den äußeren Umgebungsbedingungen ausgesetzt. In Deutschland dürfen wir in der Regel von einer maximalen Temperatur von 32 °C ausgehen. Es gibt aber auch Tallagen, die in der jüngeren Vergangenheit regelmäßig Temperaturen von 34 bis 36 °C erreicht haben. Je nach Aufstellungsort muss man sich also für TS = 32 °C oder TS = 38 °C entscheiden. Bei TS = 32 °C gilt für den zulässigen Betriebsdruck der Niederdruckseite $PS \geq 19{,}28$ bar.

Die Festlegung durch den Hersteller lautet daher beispielsweise:

max. zulässiger Betriebsdruck der Hochdruckseite PS (HD):	39 bar
max. zulässiger Betriebsdruck der Niederdruckseite PS (ND):	25 bar

Alle eingesetzten Komponenten müssen diese Festlegung erfüllen!

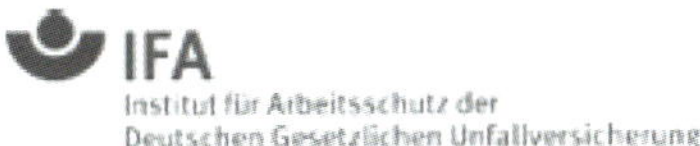

GESTIS-Stoffdatenbank

Difluormethan

IDENTIFIKATION

Difluormethan
R 32
Methylenfluorid

ZVG Nr:	100470
CAS Nr:	75-10-5
EG Nr:	200-839-4

Abb. 6.2 Auszug aus der GESTIS-Stoffdatenbank. Die Datenbank wird vom Institut für Arbeitsschutz geführt und kann im Internet unter http://www.dguv.de/ifa/stoffdatenbank eingesehen werden.

Bisher wurde die Druckfestigkeit bei innerem Überdruck betrachtet. Kältemaschinen und Wärmepumpen werden aber auch mit äußerem Überdruck betrieben. Dieser Belastungsfall tritt in folgenden Situationen auf:

- Dichtheitsprüfung im technischen Vakuum
- Trocknung des Rohrleitungssystems
- Vorbereitung zum Befüllen mit Kältemittel
- Betrieb bei tiefsten Verdampfungstemperaturen, z. B. bei Gefriertrocknung, Schockfrosten

Der Nachweis der Druckfestigkeit kann wieder unter Anwendung der AD-2000-Merkblätter erfolgen. Diesmal wird das Merkblatt B6 herangezogen. Es sind zwei Drücke zu bestimmen. Der kleinere Wert entscheidet über den zulässigen äußeren Überdruck. Für Rohrleitungen gilt:

$$p_1 = \frac{E}{S_K} \cdot \frac{20}{1 - \nu^2} \cdot \left(\frac{s_e - c_1 - c_2}{D_a}\right)^3$$

$$p_2 = \frac{20 \cdot K}{S} \cdot \frac{s_e - c_1 - c_2}{D_a} \cdot \frac{1}{1 + \frac{1{,}5u \cdot \left(1 - 0{,}2\frac{D_a}{l}\right) \cdot D_a}{100(s_e - c_1 - c_2)}}$$

mit p Berechnungsdruck in bar, hier gleich dem maximal zulässigen Betriebsdruck PS

E Elastizitätsmodul bei Berechnungsdruck

S_K Sicherheitsfaktor gegen elastisches Einbeulen, $S_K = 3{,}0$ für $u \leq 1{,}5\%$

v Querkontraktionszahl

D_a Außendurchmesser in mm

s_e ausgeführte Wandstärke in mm

c_1 Zuschlag zur Berücksichtigung der Wanddickenunterschreitung, Cu-Rohr nach DIN EN 12735-1 ($s \geq 1$ mm):

28 mm $\leq D_a <$ 42 mm $c_1 = 0{,}23$ mm

St-Rohr nach DIN EN 10216-4 ($D_a \leq 219{,}1$ mm):

Maximum von 0,4 mm und $0{,}125 \cdot s_e$

c_2 Abnutzungszuschlag; Nichteisenmetall $c_2 = 0{,}0$; ferritischer Stahl $c_2 = 1{,}0$ mm

K Festigkeitskennwert in N/mm^2

S Sicherheitsfaktor

Kupferwerkstoffe $S = 4{,}0$

Walz- und Schmiedestähle $S = 1{,}6$

u Unrundheit

l Zylinderlänge zwischen wirksamen Versteifungen, hier: unendlich

Damit ist der Term $D_a/l = 0$ zu setzen.

6.1.4 Beispiel: Cu-Rohrleitung 35 × 1,5

Materialkennwerte:

Werkstoff:	Cu-DHP, CW024A
Elastizitätsmodul E:	110 kN/mm^2 (ausgeglüht)
Querkontraktionszahl v:	0,35
Außendurchmesser D_a:	35 mm
Wandstärke s_e:	1,5 mm
Festigkeitskennwert K:	290 N/mm^2

Damit erhält man für elastisches Einbeulen den Druck p_1 = 39.926,5 kPa = 399,3 bar.

Für plastisches Verformen erhält man den Druck p_2 = 52,29 MPa = 522,9 bar.

Man könnte also rein rechnerisch einen äußeren Überdruck von rund 400 bar aufbringen, ohne die Rohrleitung zu beschädigen. Damit ist ein zulässiger Betriebsdruck von *PS* = -1 bar zulässig.

Die folgenden Sicherheitsbeiwerte müssen eingesetzt werden, um den zulässigen Prüfdruck zu ermitteln:

Sicherheitsfaktor gegen elastische Verformung bei *PT S´K*:	mindestens 2,2 *SK* = 6,6
Sicherheitsfaktor gegen plastische Verformung bei *PT S´*:	2,5

Damit erhält man für elastisches Einbeulen den zulässigen Prüfdruck p_1 = 18.148,4 kPa = 181,5 bar.

Für plastisches Verformen erhält man den zulässigen Prüfdruck p_2 = 83,66 MPa = 83,66 bar.

Auch wenn durch die Erhöhung des Sicherheitsfaktors gegen elastische Verformung ein geringerer Wert für den zulässigen Prüfdruck *PT* als für *PS* errechnet wird, so liegt auch dieser Wert weit über dem real möglichen Prüfdruck.

6.1.5 Beispiel: Stahlrohrleitung 33,7 × 2,3

Materialkennwerte:

Werkstoff:	12 Ni 14, 1.5637
Elastizitätsmodul *E*:	207 GPa = 207 kN/mm^2
Querkontraktionszahl v:	0,287
Außendurchmesser D_a:	33,7 mm
Wandstärke s_e:	2,3 mm
Beiwert c_1:	0,4 mm
Festigkeitskennwert *K*:	345 N/mm^2 (Streckgrenze)

Damit erhält man für elastisches Einbeulen den Druck p_1 = 28.645,0 kPa = 286,45 bar.

Damit erhält man für plastisches Verformen den Druck p_2 = 114,2 MPa = 1.142 bar.

Diese Werte liegen über einem mit Hochvakuum erreichbaren äußeren Überdruck. Es sind auch für diese Rohrleitung die Festlegung *PS* = -1 bar und *PT* = -1 bar zulässig.

6.2 Festlegung der Druckgerätekategorie

Die Kategorie wird anhand des zulässigen Betriebsdrucks *PS* und des Volumens von Behältern oder des Durchmessers der Rohrleitungen und der Fluidgruppe vorgenommen. Die folgenden Punkte sind hierbei ausschlaggebend:

- Bei allen Druckgeräten wird der maximal zulässige Druck *PS* herangezogen.
- Bei Behältern wird das maßgebliche Volumen *V* und bei Rohrleitungen die Nennweite DN hinzugenommen.
- Die Gruppe der Fluide, für die sie bestimmt sind; ist ein weiterer Faktor.
- Sind sowohl das Volumen als auch die Nennweite zur Festlegung der Kategorie geeignet gilt:

  Das druckhaltende Ausrüstungsteil ist in die jeweils höhere Kategorie einzustufen.

> **Beispiel: Saugsammelleitung von Verdichterverbundanlagen**
>
> In Verdichterverbundschaltungen ist das letzte Stück der Saugsammelleitung, an das die Saugleitungen der einzelnen Verdichter angeschlossen werden, auch ein Flüssigkeitsabscheider. Man könnte diesen Abschnitt theoretisch auch als liegenden Behälter betrachten.
>
> In der Praxis handelt es sich aber eindeutig um eine Rohrleitung, da die eigentliche Aufgabe die Verteilung der Kältemitteldämpfe auf die einzelnen Verdichter ist. Die Möglichkeit der Flüssigkeitsabscheidung ist lediglich ein willkommener Nebeneffekt!

- Zur Präzisierung der Konformitätsbewertungskategorien gilt das jeweilige Diagramm (s. u.) aus Anhang I der Druckgeräterichtlinie.

Die Druckgeräterichtlinie unterscheidet zwischen zwei Fluidgruppen:

- Gruppe 1

  Die Fluide sind Stoffe oder Gemische, die in der EG-Verordnung 1272/2008 als gefährlich eingestuft sind. Für Kältemittel sind vor allem folgende Einstufungen ausschlaggebend:

  a) entzündbare Gase der Kategorie 1 und 2

  b) hierbei handelt es sich um Gase oder Gasgemische, die in Luft bei 20 °C und einem Standarddruck von 101,3 kPa einen Explosionsbereich haben, das heißt, es gibt zumindest eine untere Explosionsgrenze (LFL). Es ist zu beachten, dass alle Kältemittelflüssigkeiten druckverflüssigte Gase sind.

  c) akute orale Toxizität der Kategorie 1 und 2

  d) akute dermale Toxizität der Kategorie 1 und 2

  e) akute inhalative Toxizität der Kategorie 1, 2 und 3

Alle Fluide, deren zulässige Temperatur *TS* über dem Flammpunkt liegt, gehören ebenfalls zu Gruppe 1

- Gruppe 2

  alle Stoffe und Gemische, die nicht in Gruppe 1 gehören.

Die Einstufung der gebräuchlichen Kältemittel, kann man dem Anhang E der DIN EN 378-1 entnehmen. Die Tabelle ist nach den chemischen Stoffgruppen und den Gemischgruppen gegliedert. Der in Bild 6.3 gezeigte Ausschnitt betrifft die zeotropen Kältemittelgemische. In der vierten Spalte (1) findet man die Sicherheitsgruppe nach dieser Norm und in der folgenden fünften Spalte (2) findet man die Fluidgruppe nach der Druckgeräterichtlinie. Die untere Explosionsgrenze LFL steht in der achten Spalte (3). Zum Beispiel findet man für das Kältemittelgemisch R449A: A1 nach EN 378-1, Fluidgruppe 2 nach DGRL, nicht brennbar (not flammable).

DIN EN 378-1:2018-04
EN 378-1:2016 (D)

Tabelle E.2 *(fortgesetzt)*

Kältemittelnummer	Zusammensetzung [c] (Massenanteil)	Zusammensetzung Grenzabweichung (%)	Sicherheitsklasse (1)	Fluidgruppe PED [j] (2)	Praktischer Grenzwert [d] (kg/m³)	ATEL/ODL [g] (kg/m³)	LFL [h] (kg/m³) (3)	Dampfdichte 25 °C, 101,3 kPa [a] (kg/m³)	Molare Masse [a]	Normaler Siedepunkt [a] (°C)	ODP [a e]	GWP [a f k] (100 y ITH) (4)	GWP [a f m] (AR5) (100 y ITH)	Selbstentzündungstemperatur °C
444A	R-32/152a/1234ze (E) (12/5/83)	±1,0/±1,0/±2,0	A2L	1	0,065	0,289	0,324	4,03	96,70	− 34,3 bis − 24,3	0	93	89	ND
	R-													
	(26/26/20/21/7)													
449A	R-32/125/1234yf/134a (24,3/24,7/25,3/25,7)	+2,0−1,0/+1,0−0,2/+0,2−1,0/+1,0−0,2	A1	2	0,357	0,357	NF	3,62	87,21	− 46,0 bis − 39,9	0	1 397	1 280	ND

Abb. 6.3 Auszug aus der DIN EN 378-1 Anhang E

Die Bauteile mit Sicherheitsfunktion sind immer Ausrüstungsteile der höchsten Kategorie IV. Dies gilt für alle Sicherheitsdruckwächter, Sicherheitsdruckbegrenzer, Sicherheitsventile zur Druckentlastung, Berstscheiben oder andere Einrichtungen.

Die Kategorie der Druckgeräte wird nach Anhang 2 der Druckgeräterichtlinie festgelegt. Es gibt zwei Möglichkeiten diesen Schritt zu vollziehen. Entweder geht man den Text der Einstufungsgrenzen durch oder man verwendet die Diagrammdarstellung. Die Diagramme sind wesentlich übersichtlicher und einfacher zu handhaben. Für die Kältemaschinen und Wärmepumpen sind vier Diagramme wichtig:

- Diagramm 1: Behälter für Kältemittel der Gruppe 1
- Diagramm 2: Behälter für Kältemittel der Gruppe 2
- Diagramm 6: Rohrleitungen für Kältemittel der Gruppe 1
- Diagramm 7: Rohrleitungen für Kältemittel der Gruppe 2

Den Diagrammen Nr. 6 und 7 kann man entnehmen, dass die Rohrleitungen in der Regel nicht für die Kategorie der Kältemaschine ausschlaggebend sind. Bei Kältemit-

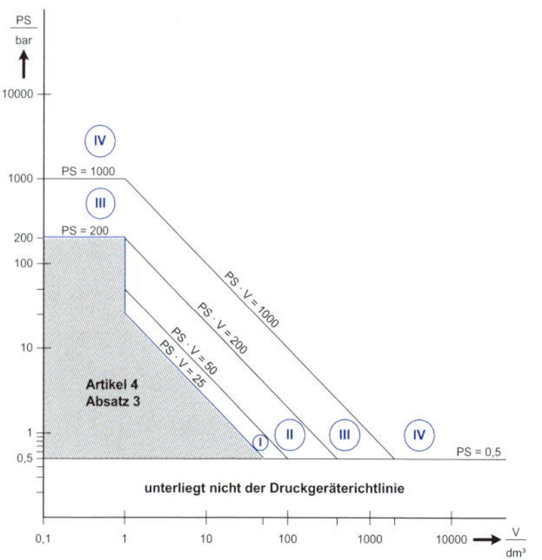

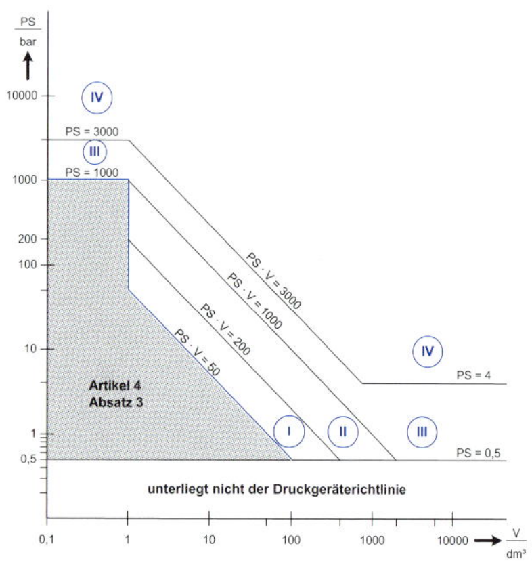

Abb. 6.4 Diagramm 1 für Behälter Diagramm 2 für Behälter
Die Grenzlinien gehören immer zur nächst kleineren Kategorie.
Ein Wert $PS \times V = 50$ gehört im Diagramm 1 also zur Kategorie I. Ein Wert $PS \times V = 1000$ gehört im Diagramm 2 also zur Kategorie II.

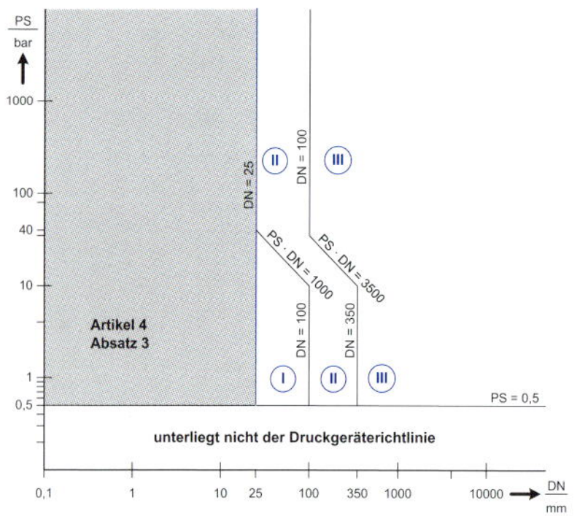

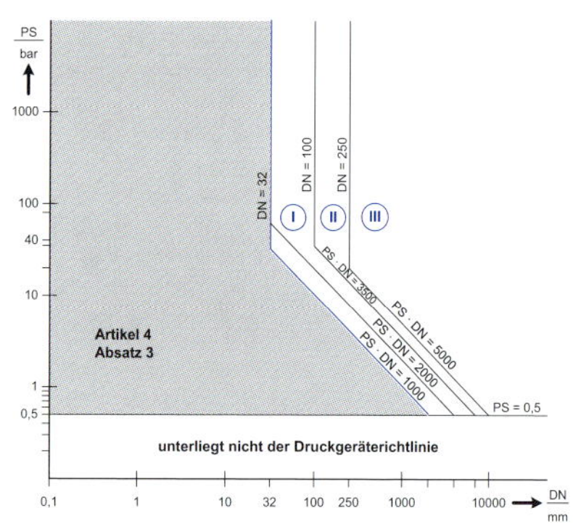

Abb. 6.5 Diagramm 6 für Rohrleitungen Diagramm 7 für Rohrleitungen

teln der Fluidgruppe 2 sind Rohrleitungen bis einschließlich 35 × 1,5 bei beliebigem zulässigen Betriebsdruck *PS* noch Druckgeräte nach Artikel 4 Absatz 3 der Druckgeräterichtlinie. Dasselbe gilt bei Kältemitteln der Fluidgruppe 1 für Rohrleitungen bis einschließlich 28 × 1,5. Selbst bei den gängigen brennbaren Kältemitteln und Ammoniak sind Rohrleitungen größer als DN 25 und kleiner oder gleich DN 100 noch Kategorie I, da diese normalerweise mit einem zulässigen Betriebsdruck kleiner 40 bar betrieben werden.

Unser Hauptaugenmerk liegt also auf den Behältern der Anlage.

Tab. 6.3 Verschiedene Kältemittelflüssigkeitssammler mit den Angaben des Herstellers und möglichen Festlegungen durch den Anlagenhersteller.
Komponenten der Kategorie III und IV sind „nur" baumustergeprüft. Da auch der Einbau- bzw. Aufstellungsort für die Prüfung betrachtet werden muss, müssen solche Komponenten grundsätzlich vor Ort von einer zugelassenen Überwachungsstelle (ZÜS) abschließend geprüft werden.

Behälter	Volumen	Hersteller Behälter				Hersteller Anlage				
		max. zulässiger Betriebsdruck	$PS \times V$	Fluidgruppe	Kategorie DGRL	Kältemittel	PS	$PS \times V$	Fluidgruppe	Kategorie DGRL
	dm³	bar					bar			
F062H	6,80	33	224,4	1	III	R32	39	**Behälter nicht zulässig!**		
						R413A	18	122,4	1	II
				2	II	R134a	18	122,4	2	I
						R422D	28	190,4	2	I
							30	204		II
FS102	10,00	33	330	1	III	R413A	18	180	1	II
				2	II	R134a	18	180	2	I
						R422D	30	300	2	II
FS3102N	320,00	33	10560	1	IV	R413A	18	5760	1	IV
				2	IV	R134a	18	5760	2	IV
						R422D	30	9600	2	IV
FS302K	30,00	45	1350	1	IV	R32	39	1170	1	IV
				2	III	R410A	32	960	2	II
							35	1050		III
						R744	45	1350	2	III

Es werden vier Kältemittelsammler betrachtet, F062H, FS102, F3102N, FS302K. Die Behälter sind für fluorierte Kältemittel geeignet. Der Flüssigkeitssammler FS302K ist speziell für das Hochdruckkältemittel R410A und subkritische Anwendungen von R744 vorgesehen. Die Kältemittelflüssigkeitssammler sind Druckgeräte, die zum Einbau in eine Gesamtheit von Druckgeräten vorgesehen sind. Der Hersteller dieser Komponente gibt daher den maximal zulässigen Betriebsdruck entsprechend seiner Konstruktion an. Der Verwender dieser Konstruktion und auch der spätere Betreiber können aber durchaus zulässige Betriebsdrücke festlegen, die niedriger liegen. Durch eine solche Festlegung kann der Behälter auch in eine niedrigere Kategorie eingeordnet werden, als vom Hersteller. Allerdings muss diese Neueinstufung in der Dokumentation unmissverständlich festgehalten werden. Es wird ggf. ein neues oder ein ergänzendes Maschinenschild angebracht. Auch dieser Vorgang muss dokumentiert werden.

Bei Behältern ist zu beachten, dass die Anschlüsse, z. B. Flansche, oder Füße und Halterungen in der Regel druckhaltende Teile des Behälters sind. Eine Veränderung hat Einfluss auf die Festigkeit des Behälters. Eine vorliegende Baumusterprüfung verfällt durch konstruktive Veränderungen, z. B. zusätzliche Bohrungen in der Fußplatte.

Bisher wurde die Einstufung einzelner Komponenten betrachtet, aber welche Kategorie besitzen die fertigen Maschinen? Grundsätzlich gehört die Maschine in dieselbe Kategorie wie die Komponente mit der höchsten Einstufung. Hierbei zählen aber nicht die Komponenten mit Sicherheitsfunktion, wie Sicherheitsdruckbegrenzer oder Druckentlastungsventile. Komponenten mit Sicherheitsfunktion sind per Definition immer Kategorie IV. Auch die Kältemittelverdichter und Kältemittelpumpen werden für die Einstufung nicht herangezogen.

Am Beispiel eines einfachen Kreislaufs wie in Bild 6.6 wird die Einstufung einer vollständigen Maschine betrachtet. Als Kältemittel wird R134a verwendet. Das Kältemittel ist nicht toxisch und nicht brennbar, deshalb gehört es zur Fluidgruppe 2 der DGRL. Dies bedeutet, dass die beiden Diagramme 2 und 7 maßgebend sind. Die tatsächlichen Außendurchmesser der Rohrleitungen variieren mit der Kälteleistung der Maschine. Wenn man davon ausgeht, dass der größte auftretende Außendurchmesser kleiner oder gleich 35 mm ist, dann sind alle Rohrleitungen in der Kategorie Artikel 4 Absatz 3 (vgl. Diagramm 7 in Bild 6.5). Die beiden Wärmetauscher sind mit lamelliertem Kupferrohr ausgeführt. Sie gelten daher als Rohranordnung und werden auch wie die Rohrleitungen eingestuft. In diesem Beispiel wären also auch die Wärmetauscher in der Kategorie Artikel 4 Absatz 3. Der Verdichter unterliegt nicht der DGRL und deshalb auch nicht zur Bestimmung der Kategorie hinzugezogen. Es spielt hierbei keine Rolle ob es sich – wie dargestellt – um einen sauggasgekühlten halbhermetischen Hubkolbenverdichter, einen vollhermetischen oder gar offenen Verdichter handelt. Auch die Art des Verdichters (Hubkolben, Scroll etc.) spielt keine Rolle.

Es bleiben also noch die beiden Behalter Filtertrockner und Kältemittelflüssigkeitssammler. Die Filtertrockner sind in der Regel ebenfalls Druckgeräte der Kategorie Artikel 4 Absatz 3, da das Druck-Volumen-Produkt $PS \times V$ auch für die Gehäuse mit Wechseleinsätzen bei $PS = 46$ bar deutlich unter 25 bar dm^3 liegt. Damit ist der Flüssigkeitssammler entscheidend. Mit einem Volumen $V = 39$ dm^3 beträgt das Druck-Volumen-Produkt $PS \times V = 702$ bar dm^3. Nach Diagramm 2 ist der Behälter der Kategorie II zu zuordnen. Der Flüssigkeitsbehälter hat die höchste Kategorie von allen Komponenten, d. h., auch die fertige Maschine ist ein Druckgerät der Kategorie II.

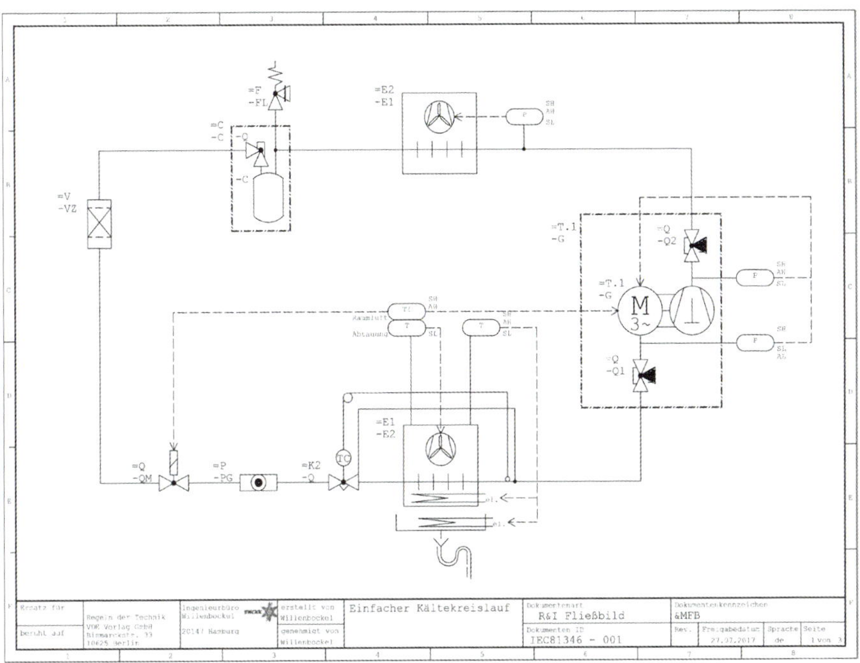

Abb. 6.6 R&I-Fließbild eines einfachen Kältemittelkreislaufs (Annahmen: Kältemittel R134a, Fluidgruppe 2, max. zul. Betriebsdruck $PS_{HD} = 18$ bar, $PS_{ND} = 10$ bar, Rohrleitungen $OD_{max} \leq 35$ mm, $DN \leq 32$ mm, Behältervolumen $V = 39$ dm^3, PS × $V = 702$ bar/dm^3)

Die Rohrleitungen dürfen nur von qualifizierten Lötern hartgelötet werden (DIN EN ISO 13585). Es müssen Werkstoffzeugnisse vorliegen. Die Konformitätserklärung erfolgt auf Basis der DGRL.

6.3 Festlegung der Sicherheitsausrüstung gegen Drucküberschreitung

Für die Sicherheitsausrüstung ist ebenfalls die EN 378-2 zuständig. Die Zuordnung der Sicherheitseinrichtungen hat sich in der aktuellen Version von 2017 gegenüber den Vorgängerversionen deutlich verändert. Es werden nach wie vor Fließbilder eingesetzt, da Bild 1 im Abschnitt 6.2.6.2 der Norm in vier Teile A, B, C, und D unterteilt ist. Aber der Aufbau und Umfang haben sich verändert. Jetzt muss der erste Teilabschnitt A für alle vom Konstrukteur festgelegten Anlagenabschnitte durchlaufen werden. Art und Umfang der Sicherheitsausrüstung richten sich nach:

- Kältemittelflüssigkeitspumpe

  Auf der Druckseite der Pumpe muss entweder ein Überströmventil vorhanden sein, das in den Abscheider oder auf die Saugseite der Flüssigkeitspumpe abbläst. Alternativ kann auch weiterhin ein Bypass mit Minimal-Blende o. Ä. eingesetzt werden.

- Sekundärkreisläufe

  Wenn niedrige Temperaturen einen zu hohen inneren Überdruck hervorrufen können, z. B. durch Einfrieren eines Flüssigkeitskühlers, muss durch Niederdruckbegrenzung und Durchflussüberwachung oder Temperaturüberwachung ein wirksamer Schutz realisiert werden.

- Kältemittel bzw. dessen Einstufung in die Sicherheitsgruppe

  In der neuesten Fassung gibt es acht Sicherheitsgruppen: A1, A2L, A2, A3, B1, B2L, B2 und B3.

  Die Sicherheitsgruppen, die mit A beginnen, gelten für Kältemittel, die nicht gesundheitsgefährdend oder nur in sehr geringem Maße gesundheitsgefährdend sind. Die Kältemittel in den B-Gruppen sind toxisch und/oder ätzend oder in anderer Weise gesundheitsgefährdend. Die beiden Sicherheitsgruppen A1 und B1 gelten für nicht brennbare Kältemittel. Alle anderen Sicherheitsgruppen gelten für brennbare Kältemittel. Deshalb müssen hier nach den europäischen Arbeitsschutzregeln Risikobeurteilungen zum Explosionsschutz angestellt werden. Diese sollten unbedingt auch in den Betriebsanleitungen enthalten sein, damit der Betreiber seinen gesetzlichen Pflichten zur Gefährdungsbeurteilung gerecht werden kann.

  Für das Kältemittel Ammoniak (R744) gibt es seit vielen Jahren eine allgemein anerkannte Risikobeurteilung, die auch Eingang in die TRAS 110 gefunden hat. Auch wenn die TRAS 110 erst ab einer Füllmenge von 3.000 kg gilt, kann sie auch für die kleineren Füllmengen als Erkenntnisquelle genutzt werden. Hiervon kann vor allem auch deshalb ausgegangen werden, weil der Ausschuss für Anlagensicherheit die Anwendung bereits ab einer Füllmenge von 300 kg empfiehlt.

- Verdichter: Bauart, Hubvolumenstrom

  Bei der Bauart wird zwischen thermischen Verdichter (Sorption), Verdrängungsverdichter und Strömungsverdichter unterschieden. Bei den Verdrängungsverdichtern kommt dann noch der Volumenstrom als Kenngröße hinzu.

Verdrängungsverdichter
Jeder Verdichter wird für sich abgesichert. Deshalb ist in dem Schema der DIN EN 378-2 folgender Vermerk vorhanden: „Den nächsten Schritt für jeden Verdichter wiederholen."
Die Pressostate schützen durch Abschaltung des Druckerzeugers (Verdichter). Sie sind deshalb nur für diese Anlagenteile zuständig. Ein Druckschalter für die gesamte Hochdruckstufe, wie es nach den alten DIN-Normen in der Regel ausgeführt wurde, gibt es in der EN 378-2 nicht. Nur Druckentlastungseinrichtungen DEE (Sicherheitsventile) sind in dieser Norm auch für den Schutz ganzer Druckstufen vorgesehen.
Der in der Norm genannte Volumenstrom 25 l/s entspricht 90 m^3/h.

- Behälter: Volumen

  In der aktuellen EN 378-2:2017 gibt es keine detaillierten Anforderungen an die Ausrüstung von Behältern. Es wird nur grundsätzlich gefordert, dass alle Anlagenabschnitte, in denen Druckgefährdungen durch sich ausdehnende Flüssigkeit entstehen könnten, durch Druckentlastungseinrichtungen (DEE) geschützt werden müssen. Nach den bisherigen Regeln mussten Behälter der Druckgerätekategorie I nur mit einem Sicherheitsventil (SV) geschützt werden, wenn sie nicht nur mit einem Absperrventil, sondern auch mit Magnetventilen oder anderen Ventilen abgesperrt werden können oder wenn die Füllmenge 10 kg überschreitet. Die Absperrventile sind in der Kältetechnik grundsätzlich als Kappenventile ausgeführt, die als betriebsmäßig nicht absperrbar gelten, d. h., nur der Fachkundige darf diese Absperrventile betätigen und entscheidet, ob das Behältervolumen ausreicht, um eine Drucküberschreitung zu vermeiden oder ob die Füllmenge zwischenzeitlich reduziert werden muss.

  Behälter der Druckgerätekategorie II und III mussten bislang mit einem Wechselventil und Sicherheitsventil geschützt werden, wenn sie außer mit dem Absperrventil auch mit einem anderen Ventil – d. h. beidseitig – abgesperrt werden können. Behälter der Druckgerätekategorie IV werden schon immer mit einem Wechselventil und Sicherheitsventil (SV) abgesichert.

  In der aktuellen EN 378-2:2017 wird für die Kategorien II, III und IV gefordert, dass die Ventile gefahrlos austauschbar sein müssen. An Stelle eines Wechselventils dürfen auch zwei Absperrventile verwendet werden, die in Offen-Stellung gesichert sind, z. B. plombiert.

  Grundsätzlich gilt, dass alle Bereiche, in denen Kältemittel eingesperrt werden kann, ggf. gegen eine Überschreitung des zulässigen Betriebsdrucks mittels Sicherheitsventil geschützt werden müssen.

Sicherheitsventil für Druckstufen
Die Sicherheitsventile der Behälter dürfen zum Schutz einer ganzen Druckstufe eingesetzt werden, wenn es keine betriebsmäßig absperrbaren Ventile, z. B. Magnet- oder Motorventile, zwischen den zu schützenden Abschnitten und dem Sicherheitsventil (SV) gibt. Das Sicherheitsventil auf dem Kältemittelsammler kann also durchaus die gesamte HD-Seite der Maschine gegen Drucküberschreitung schützen, wenn diese Bedingung erfüllt ist.
Anderenfalls müssen unter Umständen mehrere Sicherheitsventile montiert werden.

Sicherheitsventil als gegendruckunabhängiges Überströmventil
Die Sicherheitsventile der HD- oder MD-Stufe sollten als Überströmventil ausgeführt werden. Grundsätzlich ist hierfür die Verwendung von gegendruckunabhängigen Ventilen erlaubt und auch erwünscht.
Aber hierbei muss natürlich beachtet werden, dass ein häufiges oder längeres Überströmen von heißem Druckgas zu einer Überhitzung des Verdichters führen kann (Wicklungsschaden). Außerdem kann die Notwendigkeit entstehen, auch die ND-Seite der Maschine mit einem abblasenden Sicherheitsventil auszurüsten, wenn das Volumen der ND-Seite zu klein ist um eine Drucküberschreitung sicher auszuschließen. In der Regel wird dies der Fall sein. Eine Überprüfung kann unter Anwendung der Gasgesetze erfolgen.

- Füllmenge

  In Abhängigkeit der Sicherheitsgruppe sind mehrere Grenzmengen definiert, ab denen Behälter mit Druckentlastungseinrichtungen ausgestattet werden müssen.

Die Druckerzeuger, die einen höheren Druck als den zulässigen Betriebsdruck erzeugen können, werden grundsätzlich mit baumustergeprüften Sicherheitsdruckschaltern oder einer Kombination aus Druckschalter und Sicherheitsventil ausgestattet. Die baumustergeprüften Sicherheitsdruckschalter müssen nach der EN 12263 gefertigt sein. Es wird zwischen drei Typen unterschieden:

- Sicherheitsdruckwächter

  Der Pressostat schaltet wieder ein, sobald der Druck in der Anlage die untere Schaltschwelle unterschreitet.

  In den alten DIN-Normen wurden diese Pressostate mit der Kurzbezeichnung DWK versehen. Obgleich die Normen schon lange zurückgezogen wurden, sind die Kurzbezeichnungen der Pressostate immer noch im Sprachgebrauch anzutreffen.

- Sicherheitsdruckbegrenzer mit äußerer Rückstellung

  Die Rückstellung erfolgt nur durch einen Bediener. Allerdings kann jeder den Reset-Taster betätigen, da er ohne Werkzeug erreichbar ist.

  Das veraltete Kürzel lautet DBK.

- Sicherheitsdruckbegrenzer mit innerer Rückstellung

  Die Rückstellung erfolgt ebenfalls durch einen Bediener. Allerdings kann der Reset-Taster erst betätigt werden, nachdem mit einem Werkzeug das Gehäuse oder eine andere Sperre geöffnet wurde.

  Das veraltete Kürzel ist SDBK.

Die aktuelle EN 378-2:2017 unterscheidet nicht mehr explizit zwischen den beiden Varianten des Sicherheitsdruckbegrenzers. Sie schreibt auch nicht mehr die Kombination von beiden explizit vor. Da aber alle Schutzeinrichtungen baumustergeprüft sein müssen, ist auch die aktuelle Formulierung für die Kombination aus zwei Druckbegrenzern genauso wie bisher zu verstehen. Außerdem findet sich diese Kombination in dem Fließbild der Norm zur Festlegung der Schutzeinrichtungen wieder.

Wenn der Druckerzeuger keinen Druck erzeugen kann, der höher als der zulässige Betriebsdruck ist, kann die Maschine eigensicher ausgeführt werden. In solchen Fällen werden keine Sicherheitsdruckschalter benötigt und das einzige steuerende Element ist der Thermostat zur Einstellung der gewünschten Kühlraum- oder Flüssigkeitstemperatur.

Sicherheitselemente dürfen nicht für allgemeine Steuer- und Regelfunktionen verwendet werden. Soll beispielsweise ein Verflüssigerlüfter mittels Hochdruckpressostat geschaltet werden, um den Verflüssigungsdruck zu regeln, dann muss dieser nicht baumustergeprüft sein und es muss als Sicherheitselement ein weiterer Sicherheitsdruckschalter montiert werden.

6.4 Dimensionierung der elektrischen Ausrüstung

Da die Maschinen in der Regel an das öffentliche elektrische Versorgungsnetz angeschlossen werden, fallen diese Maschinen in den Geltungsbereich des Energiewirtschaftsgesetzes EnWG bzw. der Netzanschlussverordnung NAV. Die elektrischen Betriebsmittel müssen nach den aaRdT ausgelegt werden.

Hierbei müssen wir unterscheiden zwischen der Regelung und Steuerung im Schaltverteiler, den Leitungen und den Betriebsmitteln, die außerhalb der Schaltverteiler montiert werden.

Die Regelung und Steuerung wird entsprechend der EN 60204-1 bzw. DIN VDE 0113 ausgeführt. Hierin finden wir Aussagen zu den Querschnitten der Aderleitung, der Steuerstromversorgung etc.

Der Mindestquerschnitt einer Leitung im Steuerstromkreis beträgt 0,5 mm^2. Alle Enden müssen unter einer Klemme der verbauten Betriebsmittel oder einer Reihenklemme montiert gelegt werden. Eine Verlängerung oder Reparatur darf nicht mehr mit einer Lüsterklemme o. ä. innerhalb der Verdrahtungskanäle erfolgen! Die Last-

und Steuerstromkreise müssen voneinander getrennt sein, d. h., Regel- und Steuerelemente schalten keine Laststromverbraucher direkt. Die Schaltung erfolgt in aller Regel über Schütz oder Relais. Die Steuerstromversorgung erfolgt immer über zugelassene Steuertransformatoren oder Schaltnetzteile. Die einzige existierende Ausnahmeregelung trifft auf Kältemaschinen und Wärmepumpen nur bei eigensicheren Geräten zu. Sie kommt daher praktisch nie zum Tragen, ausgenommen Haushaltsgeräte und Anlagen mit nachgewiesener Eigensicherheit (in Bezug auf Druckgefährdung). Die Eigensicherheit muss nach EN 378 nachgewiesen werden.

Die Querschnitte der Leitungen werden nach VDE 0296 dimensioniert. Hierbei müssen zwei Bedingungen erfüllt werden:

$$I_b \le I_n \le I_Z$$

$$I_a \le 1{,}45 \cdot I_Z$$

mit
- I_b maximaler Betriebsstrom im ungestörten Betrieb
- I_n Bemessungsstrom der Schutzeinrichtung
- I_Z zulässige Strombelastbarkeit der Leitung
- I_K Kurzschlussstrom
- I_a thermischer Abschaltstrom, der die Schutzeinrichtung auslöst

Die folgenden Faktoren sind für die richtige Dimensionierung entscheidend:

- Leitungsart

  Es werden Leitungen sowohl für die feste Verlegung als auch für bewegliche Verlegung eingesetzt. Die meisten Betriebsmittel sind nicht ortsbeweglich und können auch mit nicht flexiblen Leitungen angeschlossen werden; aber die Betätigungsspulen von Magnetventilen und elektrischen Expansionsventilen müssen bei Instandhaltungsarbeiten hin und wieder bewegt werden und müssen mit flexiblen Leitungen angeschlossen werden. Es kommen im Grunde nur zwei Leitungsarten infrage:

  a) Mantelleitung mit starren Adern: NYM, NHXMH u. Ä.

  b) Maschinenleitung mit flexiblen Adern: Ölflex u. Ä.

  Schlauchleitungen sind eher ungeeignet und kommen nur als Anschluss von weißer Ware oder vergleichbaren Geräten in Betracht.

Feste Verlegung
Maschinenleitung gibt es auch mit Zulassungen für die feste Verlegung, sodass eine Leitung ohne unnötige Schnittstellen verwendet werden kann.
Die häufig aus Kostengründen angewendete Variante, möglichst große Anteile der Leitungen mit Mantelleitung vom Typ NYM auszuführen, führt zu vermeidbaren Übergängen und potentiellen Fehlerquellen.

- Verlegeart

  Die Leitungen werden selten unter Putz verlegt. In der Regel werden die Leitungen in Installationskanälen, Installationsrohren und auf Kabelrinnen verlegt. Gelegentlich tritt eine Verlegung in Leichtbauwänden auf. Es herrschen also die Verlegearten A2, B2, C und E vor, s. Tabelle 6.4.

  Die Verlegearten für feste Verlegung findet man in der DIN VDE 0298-4:2013 in Tabelle 9. Im gewerblichen Bereich werden eher selten Einzeladern verlegt. Im Regelfall kommen mehradrige Mantelleitungen oder Kabel zum Einsatz. Relevant sind dann die Ziffern 2, 3, 5, 6, 7, 8, 9, 30, 31, 32 und 34, s. Tabelle 6.4.

Tab. 6.4 Referenzverlegearten nach Tabelle 2 der DIN VDE 0298-4:2013 und eine Auswahl der Zuordnungen der Verlegearten nach Tabelle 9

im Elektroinstallationsrohr			frei in Luft	
in einer wärmegedämmten Wand		auf einer Wand	auf einer Wand	
Aderleitungen	mehradriges Kabel oder mehradrige ummantelte Installationsleitung	mehradriges Kabel oder mehradrige ummantelte Installationsleitung	ein- oder mehradriges Kabel oder mehradrige ummantelte Installationsleitung	mehradriges Kabel oder mehradrige ummantelte Installationsleitung Abstand zur Wand: mind. 0,3 × Außendurchmesser
A1	A2	B2	C	E
	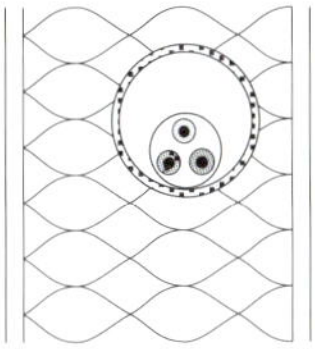	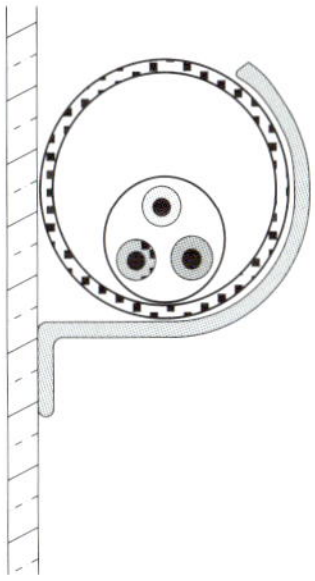	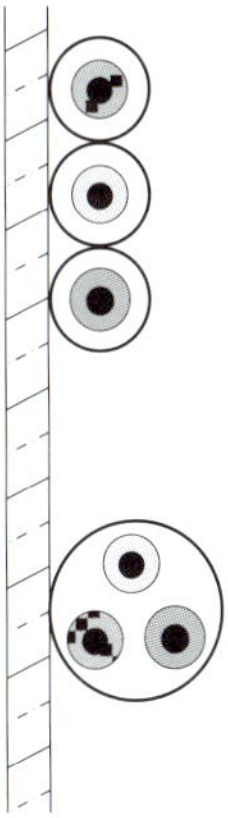	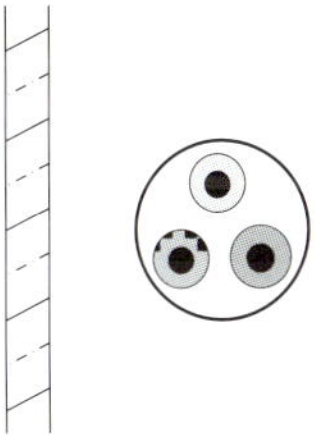
Kennziffer 1 der Tabelle 9	Kennziffer 2 und 3 der Tabelle 9	Kennziffer 5 der Tabelle 9 Verlegung im Elektroinstallationskanal (horizontal und vertikal)	Kennziffer 30 der Tabelle 9 Verlegung auf nicht gelochter Kabelrinne, die Löcher umfassen weniger als 30 % der Gesamtfläche	Kennziffer 31, 32 und 34 der Tabelle 9 Verlegung auf gelochter Kabelrinne (horizontal und vertikal), Kabelkonsole, Kabelpritsche

- Leitungs- und Aderhäufung

  Die Leitungen werden oft in den Installationskanälen und Kabelrinnen gehäuft verlegt (ähnlich einem Kabelbaum). Die Querschnitte müssen daher entsprechend größer ausfallen bzw. der Betriebsstrom muss entsprechend niedriger gewählt werden.

  Für die abweichenden Betriebsbedingungen sind die in DIN VDE 0298-4 festgelegten Umrechnungsfaktoren auf die Strombelastbarkeit anzuwenden. Die Tabellen gelten unter der Voraussetzung, dass die Kabel und Leitung ähnlich sind, d. h., alle Leitungen, die beispielsweise gebündelt werden, sind Mantelleitung vom Typ NYM oder Ölflex; ihre Leiterquerschnitte unterscheiden sich um höchstens eine Stufe, z. B. treten nur die Aderquerschnitte 1,5 mm^2 und 2,5 mm^2 auf. Die Adern sind außerdem annähernd gleich belastet.

  Wenn zwischen Kabeln und Leitungen ein Abstand liegt, der mehr als das Zweifache des Außendurchmessers beträgt, muss die Strombelastung nicht reduziert werden.

  Für die Verlegearten A2, B2 und C gilt die Tabelle 21. Für die Verlegeart E gilt Tabelle 22.

Tab. 6.5 Umrechnungsfaktoren zur Strombelastbarkeit für Aderhäufung aus Tabelle 21 der DIN VDE 0298-4:2013

Anzahl der mehradrigen Kabel oder Leitungen oder Anzahl der Wechsel- oder Drehstromkreise aus einadrigen Kabel oder Leitungen (2 bzw. 3 stromführende Leiter)	**Umrechnungsfaktoren bei Verlegeanordnung**				
	gebündelt	**einlagig**			
	direkt auf der Wand, auf dem Fußboden, im Elektroinstallationsrohr oder -kanal, auf oder in der Wand	**auf der Wand oder dem Fußboden**		**unter einer Holzdecke**	
		mit Berührung	**mit Zwischenraum gleich dem Außendurchmesser**	**mit Berührung**	**mit Zwischenraum gleich dem Außendurchmesser**
	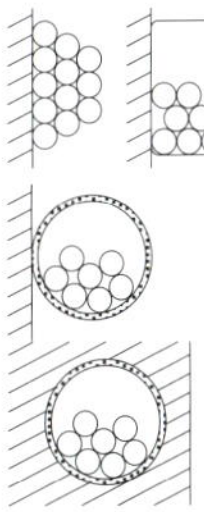	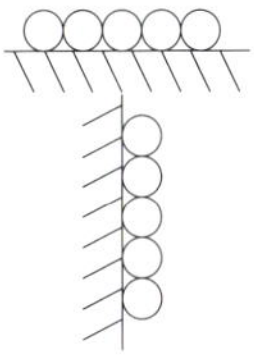	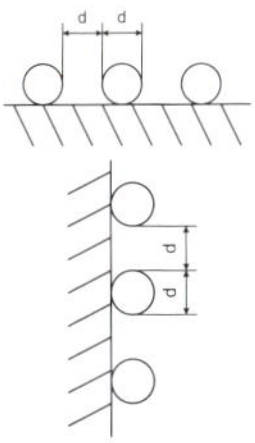	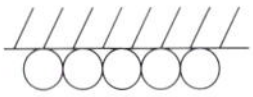	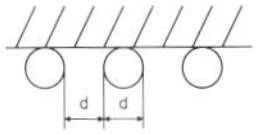
1	1,00	1,00	1,00	0,95	0,95
2	0,80	0,85	0,94	0,81	0,85
3	0,70	0,79	0,90	0,72	0,85
4	0,65	0,75	0,90	0,68	0,85
5	0,60	0,73	0,90	0,66	0,85
6	0,57	0,72	0,90	0,64	0,85
7	0,54	0,72	0,90	0,63	0,85
8	0,52	0,71	0,90	0,62	0,85
9	0,50	0,70	0,90	0,61	0,85
10	0,48	0,70	0,90	0,72	0,85
12	0,45	0,70	0,90	0,72	0,85
14	0,43	0,70	0,90	0,72	0,85
16	0,41	0,70	0,90	0,72	0,85
18	0,39	0,70	0,90	0,72	0,85
20	0,38	0,70	0,90	0,72	0,85

○ Symbol für einadriges oder mehradriges Kabel bzw. einadrige oder mehradrige Leitung

Es gelten dieselben Reduktionsfaktoren sowohl für Gruppen von zwei oder drei einadrigen Kabeln bzw. Leitungen als auch für mehradrige Kabel oder Leitungen, die zwei bzw. drei belastete Adern enthalten. Wenn man sowohl zweiadrige als auch dreiadrige Leitungen in einem System mischt, dann wird zunächst jede Leitung als ein Stromkreis gezählt und entsprechend dieser Anzahl in den Tabellen der Reduktionsfaktor bestimmt.

Tab. 6.6 Umrechnungsfaktoren zur Strombelastbarkeit für Aderhäufung aus Tabelle 22 der DIN VDE 0298-4:2013

Anzahl der mehradrigen Kabel oder Leitungen	**Anzahl der Kabelrinnen oder Kabelleitern**	**Kabelrinne**			**Kabelleiter**	
		ungelocht	**gelocht**			
		mit Berührung	**mit Berührung**	**mit Abstand**	**mit Berührung**	**mit Abstand**
1	1	0,97	1,00	1,00	1,00	1,00
	2	0,97	1,00	1,00	1,00	1,00
	3	0,97	1,00	1,00	1,00	1,00
	6	0,97	1,00	1,00	1,00	-
2	1	0,84	0,88	1,00	0,87	1,00
	2	0,83	0,87	0,99	0,86	0,99
	3	0,82	0,86	0,98	0,85	0,98
	6	0,81	0,84	-	0,83	-
3	1	0,78	0,82	0,98	0,82	1,00
	2	0,76	0,80	0,96	0,81	0,98
	3	0,75	0,79	0,95	0,79	0,97
	6	0,73	0,77	-	0,76	-
4	1	0,75	0,79	0,95	0,80	1,00
	2	0,72	0,77	0,92	0,78	0,97
	3	0,71	0,76	0,91	0,76	0,96
	6	0,69	0,73	-	0,73	-
6	1	0,71	0,76	0,91	0,79	1,00
	2	0,68	0,73	0,87	0,76	0,96
	3	0,66	0,71	0,85	0,73	0,93
	6	0,63	0,68	-	0,69	-
9	1	0,68	0,73	-	0,78	-
	2	0,63	0,68	-	0,73	-
	3	0,61	0,66	-	0,70	-
	6	0,58	0,64	-	0,66	-

- Leitungslänge

  Die Leitungslänge ist ausschlaggebend für den Schleifenwiderstand. Die Länge entscheidet also über den Spannungsfall und den Kurzschlussstrom im Fehlerfall.

  Für den maximalen Spannungsfall gibt es sowohl in der DIN VDE 0113 als auch in der DIN VDE 0100 Vorschläge. In der Vorschrift für Maschinen wird ein Spannungsfall von maximal 5% der Nennspannung vom Netzanschlusspunkt bis zum Verbraucher akzeptiert. In der Gebäudeinstallation darf bei der Beleuchtung 3 % und für andere Verbraucher 5 % der Nennspannung als Spannungsfall auftreten.

  Beispiel: Spannungsfall

Bemessungsbetriebsstrom I_B:	10 A
Leiterquerschnitt A:	1 mm^2
Leitungslänge l:	20 m

  Spannungsfall zum Wechselstromverbraucher:

  $$Z_L = 2 \cdot R_L = 2 \cdot \frac{\rho \cdot l}{A} = 2 \cdot \frac{0{,}0178 \cdot 20}{1} \frac{\Omega \cdot \mathrm{mm}^2 \cdot \mathrm{m}}{\mathrm{m} \cdot \mathrm{mm}^2} = 0{,}712\ \Omega$$

  $$\Delta U = Z_L \cdot I_B = 0{,}712 \cdot 10\ \mathrm{V} = 7{,}12\ \mathrm{V}$$

  $$\Delta u = \frac{\Delta U}{U_0} \cdot 100\ \% = \frac{7{,}12}{230} \cdot 100\ \% = 3{,}10\ \%$$

  Dieser Spannungsfall ist zulässig und der Leiterquerschnitt darf gewählt werden.

  Ob die maximal zulässige Leitungslänge eingehalten wird, überprüft man anhand der Tabellen im Beiblatt 5 zur DIN VDE 0100. Mit dieser Überprüfung wird gleichzeitig die Abschaltung im Kurzschlussfall geprüft.

- Stromaufnahme der Betriebsmittel

  Der Stromfluss verursacht eine Erwärmung der Leitungen. Die Erwärmung erhöht den Leitungswiderstand.

  Die Strombelastbarkeit der Leitungen ist in den Tabellen der DIN VDE 0298-4 angegeben, s. Tabelle 6.7.

  Für die Belastung der Kabel und Leitungen gilt, dass der zulässige Belastungsstrom I_Z größer oder gleich dem Belastungsstrom bei ungestörtem Betrieb I_b sein muss: $I_Z \geq I_b$

  Die Höhe der zulässigen Belastung I_Z ergibt sich als Produkt aus dem Bemessungsbetriebsstrom I_r und den anzuwendenden Reduktionsfaktoren. Der Bemessungsbetriebsstrom wird in den Tabellen 3 bis 8, 11, 13, 15 und 16 der DIN VDE 0298-4 angegeben. Es gilt also für den tatsächlichen Belastungsstrom bei ungestörtem Betrieb I_b: $I_Z = I_r\ \Pi f \geq I_b$

Tab. 6.7 Gängige Leitungen mit zulässiger Temperaturbelastung bei Umgebungstemperatur 30°C und Angabe der Tabelle zur Strombelastbarkeit nach DIN VDE 0298-4:2013

Bauart	Bauart-kurzzeichen	Nennspannung U_0 / U	Norm		zulässige Betriebstemperatur am Leiter	Belastbarkeit nach Tabelle
		V	DIN-Nummer	Teil	°C	
Verdrahtungsleitungen mit thermoplastischer PVC-Isolierungen	H05V-U H05V-R H05V-K	300 / 500	DIN EN 20525	2-31	70	11
Aderleitungen mit thermoplastischer PVC-Isolierungen	H07V-U H07V-R H07V-K	450 / 750	DIN EN 20525	2-31	70	3 und 11
PVC-Installationsleitung	NYM		DIN VDE 0250	204	70	3 und 4
halogenfreie Mantelleitung mit verbessertem Verhalten im Brandfall	NHXMH		DIN VDE 0250	214	70	3 und 4
halogenfreie Installationsleitung mit speziellen Eigenschaften im Brandfall	NHMH		DIN VDE 0250	215	70	3 und 4
Kabel mit Isolierung und Mantel aus thermoplastischen PVC	NYY	600 / 1000	DIN VDE 0276	603	70	3 und 4
flexible Standardleitungen mit vernetzter Elastomer-Isolierung	H05RN-F H07RN-F	300 / 500 450 / 750	DIN EN 20525	2-21	60	11[1] 13[1]
ölbeständige Steuerleitungen mit thermoplastischer PVC-Isolierungen	H05VV5-F	300 / 500	DIN EN 20525	2-51	70	11
Ölflex Classic mit PVC-Isolierung, ölbeständig, feste Verlegung und gelegentlich bewegt	YSLY	300 / 500			70	3 und 4
flache PVC-ummantelte Steuerleitungen	H05VVH6-F	300 / 500	DIN EN 50214		70	11

Tab. 6.8 Auszug aus den Tabellen 3 und 4 zur Strombelastbarkeit nach DIN VDE 0298-4:2013 Diese Werte dienen als Bemessungsbetriebsstrom und werden mit den Reduktionsfaktoren multipliziert.

	Belastbarkeit I_r A							
Referenz-verlegeart	**im Elektroinstallationsrohr**				**frei in Luft**			
	in einer wärmegedämmten Wand		**auf einer Wand**		**auf einer Wand**			
	mehradriges Kabel oder mehradrige ummantelte Installationsleitung		**mehradriges Kabel oder mehradrige ummantelte Installationsleitung**		**ein- oder mehradriges Kabel oder mehradrige ummantelte Installationsleitung**		**mehradriges Kabel oder mehradrige ummantelte Installationsleitung Abstand zur Wand: mind. 0,3 × Außendurchmesser**	
	A2		**B2**		**C**		**E**	
Nennquerschnitt	**Anzahl belastete Adern**		**Anzahl belastete Adern**		**Anzahl belastete Adern**		**Anzahl belastete Adern**	
mm²	**2**	**3**	**2**	**3**	**2**	**3**	**2**	**3**
1,5	15,5	13,0	16,5	15,0	19,5	17,5	22	18,5
2,5	18,5	17,5	23	20	27	24	30	25
4	25	23	30	27	36	32	40	34
6	31	29	38	34	46	41	51	43
10	42	39	52	46	63	57	70	60
16	56	52	69	62	85	76	94	80
25	73	68	90	80	112	96	119	101
35	89	83	111	99	138	119	148	126
50	108	99	133	118	168	144	180	153
70	136	125	168	149	213	184	232	196
95	164	150	201	179	258	223	282	238
120	188	172	232	206	299	259	328	276
150	216	196	258	225	344	299	379	319
185	248	223	294	255	392	341	434	364

- Umgebungstemperatur

  Eine hohe Umgebungstemperatur behindert die Wärmeabgabe und führt zu einer höheren Leitertemperatur. Eine hohe Umgebungstemperatur führt also zu einem höheren Leitungswiderstand.

  Auch für die Anpassung an die realen Umgebungstemperaturen gibt es einen Umrechnungsfaktor. Er lässt sich in Tabelle 17 der DIN VDE 0298 finden.

Tab. 6.9 Auszug aus der Tabelle 17 zur Berücksichtigung abweichender Temperaturbedingungen nach DIN VDE 0298-4:2013

Umgebungstemperatur °C	zulässige bzw. empfohlene Betriebstemperatur am Leiter					
	40 °C	60 °C	70 °C	80 °C	85 °C	90 °C
	Umrechnungsfaktor f					
	anzuwenden auf die Belastbarkeitsangaben in den Tabellen 3, 4, 5, 6, 11, 13, 15 und 16					
10	1,73	1,29	1,22	1,18	1,17	1,15
15	1,58	1,22	1,17	1,14	1,13	1,12
20	1,41	1,15	1,12	1,10	1,09	1,08
25	1,22	1,08	1,06	1,05	1,04	1,04
30	*1,00*	*1,00*	*1,00*	*1,00*	*1,00*	*1,00*
35	0,71	0,91	0,94	0,95	0,95	0,96
40		0,82	0,87	0,89	0,90	0,91
45		0,71	0,79	0,84	0,85	0,87
50		0,58	0,71	0,77		0,82
55		0,41	0,61	0,71		0,76

In der Praxis werden diese Anforderungen durch die Anwendung der diversen Tabellen der Norm erfüllt. Jeder Schritt der Dimensionierung einer Leitung kann im Regelfall ohne Anwendung der Gleichungen erfolgen, die letztlich hinter den Tabelleneinträgen stehen.

Beispiel: Leiterquerschnitt, Absicherung und maximale Leitungslänge

In diesem Beispiel gehen wir davon aus, dass an einer Kältemaschine vier gleichgroße Kühlräume betrieben werden. Jeder Kühlraum hat seine eigene Unterverteilung mit einem Kühlstellenregler. Die Zuleitungen der Unterverteilungen werden aus der dem Hauptschaltschrank der Kältemaschine gezogen. Die Kühlräume haben nur Wechselstromverbraucher und werden daher nur einphasig mit Strom versorgt. Die Verlegung der Maschinenleitung erfolgt auf gelochter Kabelrinne und Kabelleiter in der ersten Steigstrecke.

Leitung:	Ölflex classic
Umgebungstemperatur:	35 °C
zulässige Betriebstemperatur am Leiter:	70 °C
Belastungsstrom im ungestörtem Betrieb I_b:	21,0 A
Anzahl der mehradrigen Leitungen/Stromkreise:	4
Anzahl der belasteten Adern:	2
Art des Stromkreises:	Verteilung
maximale Abschaltzeit nach DIN VDE 0100-410:	5s (TN-System)
Referenzverlegeart nach Tabelle 6.4:	E
Umrechnungsfaktoren:	
Umgebungstemperatur nach Tabelle 6.9:	0,94
Aderhäufung	
Kabelrinne mit Berührung nach Tabelle 6.6:	0,79
Kabelpritsche ohne Berührung nach Tabelle 6.6:	1,00
Strombelastbarkeit I_r nach Tabelle 6.8:	21 A bei 1,5 mm^2
	30 A bei 2,5 mm^2
	40 A bei 4,0 mm^2
Zulässige Strombelastung I_Z:	$0{,}94 \cdot 0{,}79 \cdot 21$ A = 15,59 A bei 1,5 mm^2
	$0{,}94 \cdot 0{,}79 \cdot 30$ A = 22,78 A bei 2,5 mm^2
	$0{,}94 \cdot 0{,}79 \cdot 40$ A = 29,70 A bei 4,0 mm^2
Bemessungsstrom der Schutzeinrichtung I_n:	25 A für 4,0 mm^2

Bei LS-Schaltern der Charakteristik B und C ist die Bedingung $I_a \leq 1{,}45 \cdot I_z$ in Deutschland grundsätzlich erfüllt.

Der erforderliche Kurzschlussstrom beträgt $I_{Kerf} = 5 \cdot I_n = 125$ A bei einem LS-Schalter mit B-Charakteristik.

Maximale Leitungslänge l_{max} nach DIN VDE 0100 Beiblatt 5 bei einer Schleifenimpedanz von 400 mΩ vor der Schutzeinrichtung:

für den Schutz bei Kurzschluss mit dem Fehler am Ende der Leitung:	77 m
für den Fehlerschutz nach DIN VDE 0100-410:	77 m

für den maximal zulässigen Spannungsfall: 24 m

Die zulässige maximale Länge beträgt 24 m.

Der Spannungsfall bestimmt die zulässige Länge der Leitung. Der Schutz bei Kurzschluss und der Fehlerschutz sind automatisch sichergestellt, da hier längere Leitungen zulässig wären.

6.5 Risikoanalyse

Der Hersteller einer Maschine muss aufgrund der gesetzlichen Vorgaben eine Risikoanalyse erstellen. Diese Risikoanalyse wird unter anderem in der Maschinenrichtlinie 2006/42/EG verlangt. Aber auch die Richtlinie 1999/92/EG (ATEX 137) und die Betriebssicherheitsverordnung fordern vom künftigen Betreiber eine Gefährdungs- und Risikobeurteilung. Hierbei muss der Betreiber u. a. auf noch vorhandene Restgefahren eingehen. Die Informationen zu noch vorhandenen Restgefahren, die der Hersteller nicht konstruktiv beseitigen konnte, müssen in den Bedienungs- und Instandhaltungsanleitungen aufgeführt werden.

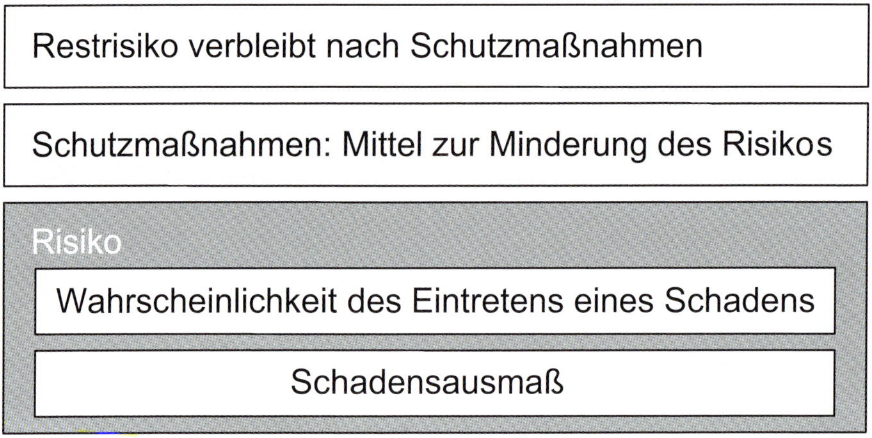

Abb. 6.7 Begriffe aus der DIN EN ISO 12100 Sicherheit von Maschinen – Risikobeurteilung und Risikominderung

Es gibt verschiedene Methoden der Risikoanalyse. Allen gemeinsam ist aber das iterative Vorgehen. Grundsätzlich müssen bei der Risikoanalyse alle Lebensphasen einer Maschine betrachtet werden:

- Transport
- Montage, in Verkehr bringen

- Betrieb
- Instandhaltung
  - Inspektion
  - Wartung
  - Instandsetzung
- außer Betrieb nehmen
- Demontage
- Entsorgung

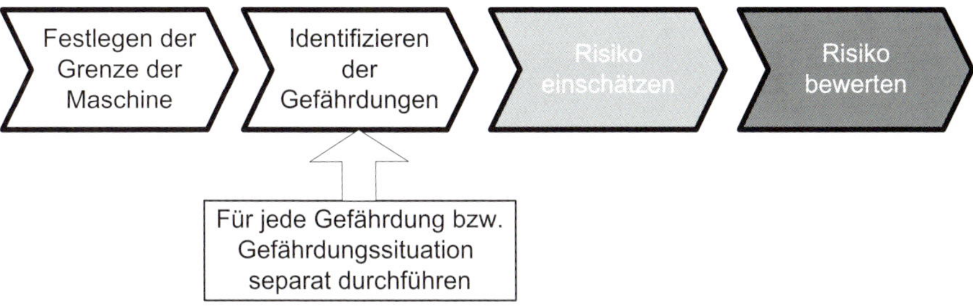

Abb. 6.8 Prinzipieller Ablauf einer Risikoanalyse

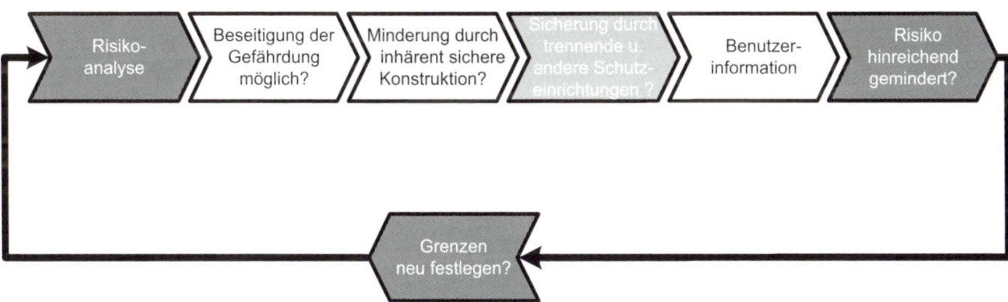

Abb. 6.9 Iterativer Prozess der Risikobeurteilung

7 Prüfung der Anlagen

Bevor Maschinen und Anlagen auf dem Markt bereitgestellt werden, müssen sie geprüft werden. Diese Prüfungen sind vom Hersteller, Errichter oder Importeur durchzuführen. Wenn die Maschinen alle gesetzlich vorgeschriebenen Prüfungen bestanden haben, dürfen sie am Markt bereitgestellt werden, d. h. bei Errichtung vor Ort an den Betreiber übergeben werden.

Kältemaschinen müssen je nach Füllmenge, Kältemittel, Drucklagen und vorgesehenem Aufstellungsort diversen Prüfungen unterzogen werden. Über die Prüfungen müssen Protokolle angelegt werden, die zur internen technischen Dokumentation des Bereitstellers zählen. Sie müssen auf Verlangen den Aufsichtsbehörden vorgelegt werden.

Aufgrund dieser Prüfungen, Berechnungen und Risikobeurteilungen erklärt der Hersteller bzw. Bereitsteller die Konformität mit den EU-Richtlinien. Zusätzlich müssen diverse Kennzeichnungen entsprechend den EU-Verordnungen an der Maschine angebracht werden. Solche Kennzeichnungen müssen ebenso wie Maschinenschilder dauerhaft lesbar sein. Schilder, die beispielsweise nach Kontakt mit den üblicherweise verwendeten Kältemaschinenölen unleserlich werden, sind genaugenommen eine Ordnungswidrigkeit.

Allerdings kann der künftige Betreiber diese protokollierten Prüfungen ggf. als Prüfungen vor Inbetriebnahme nutzen (siehe Kapitel 14).

Prüfung vor Inbetriebnahme / Übergabe an Betreiber
Die Überlassung einer Zweitschrift der Prüfprotokolle für diese doppelte Nutzung muss vertraglich vereinbart sein!
Eine Inbetriebnahmephase mit entsprechenden Prüfungen und anschließender Übergabe, wie sie in der alten Druckbehälterverordnung festgelegt waren, gibt es im aktuellen Recht so nicht.
Im aktuellen Recht bedeutet Inbetriebnahme, das erste eigenverantwortliche Einschalten der Maschine durch den Betreiber.
Die nationalen Verordnungen ermöglichen aber weiterhin die praktische Handhabung nach den bewährten Mustern. Allerdings sollten diese zur Klarstellung der jeweiligen Rechte, Pflichten und Überlassung von Kopien der Dokumente zwischen Errichter und künftigem Betreiber vertraglich vereinbart sein.
Wenn ein VOB-Vertrag abgeschlossen wird, ist die Überlassung der Protokolle aufgrund der Bestimmungen in VOB/C vereinbart.

Die Rechtsgrundlage der Prüfungen sind zwar die europäischen Richtlinien, aber die Durchführung erfolgt auf Basis der aaRdT und vor allem nach harmonisierten europäischen Normen, die mit einem entsprechenden Mandat versehen sind. Hierzu muss man wissen, dass die Erfüllungsvermutung für europäische Richtlinien nur von der Anwendung mandatierter Normen ausgeht. In den Richtlinien werden diese Normen als „harmonisierte Normen" bezeichnet.

Die Hersteller von Komponenten müssen solche Normen anwenden oder in einer sehr aufwändigen Dokumentation nachweisen, dass das gesetzliche Schutzziel erreicht wurde.

Für Handwerksbetriebe, die am Markt erhältliche Komponenten zu vollständigen Maschinen zusammenfügen, bedeutet dies, dass die fertige Maschine unter anderem nach DIN EN 378-2 geprüft werden muss. Der zweite Teil dieser Norm hat ein Mandat unter der Druckgeräterichtlinie. Aber da Teil 2 die übrigen Teile über normative Verweisungen mit einschließt, müssen letztlich alle Teile dieser Norm berücksichtigt werden. Nach erfolgreicher Prüfung muss die **vollständige** Maschine ein dauerhaft lesbares Maschinenschild erhalten. Die Verwendung des Schilds einer Komponente, z. B. eines Verflüssigungssatzes oder Verdichters, wäre eine Ordnungswidrigkeit nach ProdSG und BetrSichV.

Aus dem gleichen Grund dürfen die Maschinenschilder auch nicht im Zusammenhang mit Ersatzteilbeschaffungen entfernt werden, wie es in der Vergangenheit durchaus vorgekommen ist. Dieser Fauxpas sollte wirklich nicht mehr geschehen.

Die Prüfung der Anlagen umfasst grundsätzlich folgende Schritte (in dieser Reihenfolge):

1. Prüfung der Anlagendokumentation
2. Druckfestigkeitsprüfung
3. Dichtheitsprüfung
4. Funktionsprüfung der Sicherheitskomponenten
5. Prüfung der elektrischen Ausrüstung

Da die Anlagendokumentation als erstes geprüft wird, muss sie bereits als Akte vorliegen, bevor weitere technische Prüfungen durchgeführt werden. Die Unterlagen müssen mindestens enthalten:

- Angaben zum Hersteller/Errichter der Anlage
  - Firmenname
  - Firmenanschrift
- Eine allgemeine Beschreibung des Druckgeräts
  - Die Maschine wird hinsichtlich der vorgesehenen Funktion und des Aufbaus beschrieben.
  - Beispiele für die Funktion:
    - Tiefkühlkältemaschine für die Lagerung gefrorener Lebensmittel
    - Normalkühlmaschine zur Lagerung von Gemüse

  - Schockfroster zum Gefrieren von Backwaren
  - Raumklimaanlage oder RLT-Anlage
  - Wärmepumpe zur Warmwassererzeugung
  - Wärmepumpe für Heizzwecke
- Beispiele für den Aufbau:
  1. Einfacher Kältekreislauf für eine Kühlzelle mit $t_R \leq +4°C$

Kältemittel:	R134a 1,1,1,2-Tetrafluorethan
Verdampfungstemperatur:	–8 °C
Verflüssigungstemperatur:	+40 °C
Kälteleistung:	2 kW
Stromversorgung:	1~, N, PE 230 V / 50 Hz

Die Kältemaschine ist als einfacher Kältemittelkreislauf mit dem Kältemittel R134a ausgeführt. Die Maschine besteht im Wesentlichen aus den vier Hauptkomponenten: Verdichter, Verflüssiger, Drossel und Verdampfer. Verdichter und Verflüssiger befinden sich in einem Verflüssigungssatz (Fabrikat Danfoss, Typ […]). Die Drossel ist als thermostatisches Expansionsventil in das Gehäuse des Verdampfers montiert.

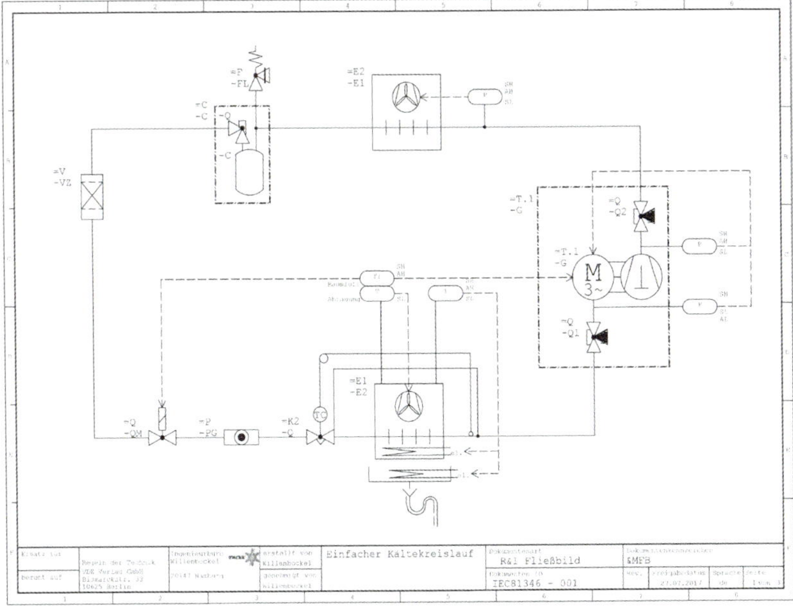

Abb. 7.1 Rohrleitungs- und Instrumentenfließbild der Kältemaschine

Der Verflüssigungssatz ist mit einem Kältemittelsammler ausgerüstet, der zum einen die benötigte Flüssigkeitsvorlage für das thermostatische Expansionsventil enthält und zum anderen während Stillstandszeiten oder Instandhaltungsarbeiten die gesamte Kältemittelmenge aufnimmt.

Als Schutz gegen Drucküberschreitung ist entsprechend DIN EN 378-2 ein baumustergeprüfter Sicherheitsdruckwächter installiert.

Die Steuerung der Kältemaschine erfolgt mit einem Kühlstellenregler (Fabrikat Carel, Typ ...). Der Kühlstellenregler überwacht die Raumtemperatur der Kühlzelle und schaltet bei Überschreitung der oberen Grenztemperatur die Maschine ein und bei Unterschreiten der unteren Grenztemperatur wieder aus. Der Regler hat zwei Temperaturfühler, die zum einen die Lufttemperatur am Verdampfereingang und zum anderen am Verdampferausgang messen. Die gewünschte Raumtemperatur wird am Kühlstellenregler zwischen 0 und +4 °C eingestellt. Die Raumtemperatur entspricht der Lufttemperatur am Verdampfereingang.

Der Regler steuert die elektrische Abtauung nach Bedarf, indem er aus den beiden Temperatursignalen die Reif- bzw. Eisdicke an den Wärmeübertragungslamellen bestimmt.

Der Kühlstellenregler ist in den Schaltkasten neben der Kühlraumtür montiert. Die elektrische Ausrüstung entspricht DIN EN 60204-1/A1:2009-10 (VDE 0113/A1).

(Hinzu kommen erläuternde Abbildungen von Komponenten und Kreislauf, sowie Stücklisten.)

2. CO_2-Booster-Anlage

Kältemittel:	R744	Kohlendioxid CO_2
Verdampfungstemperatur Tiefkühlung:	−26 °C	
Verdampfungstemperatur Normalkühlung:	−8 °C	
Verflüssigungstemperatur:	+40 °C	
Kälteleistung Tiefkühlung:	12 kW	
Kälteleistung Normalkühlung:	20 kW	
Stromversorgung:	3~, N, PE 230 V / 50 Hz	

Die Anlage ist für zwei Tiefkühlräume und zwei Normalkühlräume konzipiert. Ein Teil der „Verflüssigungswärme" wird über einen Wärmetauscher zur Brauchwassererwärmung genutzt.

Die Anlage hat drei Druckstufen: Niederdruck (ND), Mitteldruck (MD) und Hochdruck (HD). Im Stillstand der Anlage ist nur der MD-Sammelbehälter mit Druck beaufschlagt. Die drei Druckbereiche der Anlage sind mit Sicherheitsventilen zur Druckentlastung abgesichert. Die Sicherheitsdruckbegrenzer der Verdichter sind entsprechend gestaffelt einzustellen:

Druckentlastungseinrichtung (Sicherheitsventil): $1{,}0 \times PS$
Sicherheitsdruckbegrenzer mit innerer Rückstellung: $0{,}9 \times PS$
Sicherheitsdruckbegrenzer mit äußerer Rückstellung: $0{,}8 \times PS$

In den Tiefkühlräumen verdampft das Kältemittel beim Niederdruck der Anlage. Der ND-Verdichter verdichtet den Kältemitteldampf bis zum Verdampfungsdruck der Normalkühlräume (Mitteldruck). Der vorverdichtete Kältemitteldampf wird in die Saugleitung des HD-Verdichters eingeleitet. Der HD-Verdichter verdichtet den gesamten Kältemitteldampf auf den Hochdruck des Gaskühlers. Alle Verdichter sind mittels Umrichterantrieb leistungsgeregelt.

Die Maschine ist mit Schrittmotorventilen zur Hochdruck- und Behälterdruckregelung ausgestattet. Die Verdampfer sind allesamt mit elektronischen Expansionsventilen ausgerüstet. Alle Lüftereinheiten haben einen drehzahlregelbaren energieeffizienten EC-Motor.

Die elektrische Ausrüstung entspricht DIN EN 60204-1/A1:2009-10 (VDE 0113/A1). Die Steuerung und Regelung ist mit Kompakt-SPS realisiert (Fabrikat Wago). Die vorgeschriebenen Sicherheitsfunktionen gegen Drucküberschreitung sind mit elektromechanischen Drucktransmittern und sicherheitsgerichteten Eingängen realisiert. Die Transmitter und Sicherheitseingänge besitzen den Safty Integration Level 2 (SIL 2), vgl. Kapitel 18.

- Eine eindeutige Identifikationsangabe der Maschine

  Eine eindeutige Identifikationsbezeichnung oder -nummer des Errichters. Die Fertigungsnummern oder Ähnliches einer eingebauten Komponente sind nicht zulässig.

- Entwürfe, Fertigungszeichnungen und -pläne von Bauteilen, Unterbaugruppen usw.

  Diese Prüfung erfolgt durch den Inverkehrbringer. Es werden deshalb die Zeichnungssätze auf Vollständigkeit und die Fertigungs- und Montagezeichnungen auf Richtigkeit geprüft.

  Die R&I-Fließbilder und elektrischen Pläne, die auch zur Anlagendokumentation gehören, die dem Betreiber übergeben wird, werden ebenfalls auf Vollständigkeit und Übereinstimmung mit der realen Maschine geprüft.

  Die Prüfung ist nur dann bestanden, wenn die Zeichnungen, Fließbilder, Schaltpläne etc. mit der Maschine übereinstimmen. Die Übereinstimmung gilt sowohl für die korrekte Darstellung des Kreislaufs mit seinen fluidtechnischen Komponenten und seinen Steuer- und Regeleinrichtungen als auch die verwendete Referenzkennzeichnung. Nach dem aktuellen Regelwerk wird die Referenzkennzeichnung nach IEC 81346:2015 sowohl für die Kältetechnik als auch für die elektrische Ausrüstung verwendet.

Hierbei ist zu beachten, das in Deutschland seit ca. 20 Jahren in unzulässiger Weise alte Zeichenstandards, die allesamt um 1996 zurückgezogen wurden, mit den aktuelleren Standards DIN EN 61346 bzw. DIN EN 81346 vermengt werden, obwohl das Referenzkennzeichnungssystem nicht kompatibel zum alten DIN-System ist. Es wurden sowohl die Normen zum Schriftfeld als auch zum Betriebsmittelkennzeichen zurückgezogen.

Beibehaltung altes Schriftfeld und Betriebsmittelkennzeichen
Soll aus irgendeinem Grund, z. B. Wahrung der Kontinuität, das alte Schriftfeld und damit verbunden auch das alte Betriebsmittelkennzeichen in den Schaltplänen verwendet werden, dann muss dies vertraglich vereinbart werden (Werksnorm).
Ohne eine solche Vereinbarung sind alle Beteiligten an die aktuellen Fassungen der aaRdT gebunden.
Die Maschine kann streng gesehen sogar als mangelhaft oder unvollständig geliefert bezeichnet werden, d. h., es laufen keine Garantie- oder Gewährleistungsfristen.

- Alle Einbauerklärungen von Komponentenherstellern, sofern die Komponente einer EU-Richtlinie unterliegt, die eine CE-Kennzeichnung einfordert.
- Alle Werkstoffzeugnisse der druckhaltenden Materialien (Rohre, Behälter)
  Laut Leitlinie 7/2 zur Richtlinie 2014/68/EU sind diese immer erforderlich, wenn die Maschine zur Kategorie II oder höher gehört.

Werkstoffzeugnis immer anfordern!
Ein Werkstoffzeugnis sollte grundsätzlich für alle Rohrleitungsbestellungen eingefordert werden.
In den meisten Gewerbebetrieben werden die Rohre unterschiedlicher Lieferungen ohne Unterscheidungsmöglichkeit im selben Regal gelagert. Hinzu kommt das Material auf den Montagefahrzeugen.
Eine exakte Zuordnung von Lieferung und Montageort bzw. Maschine ist daher in vielen Betrieben de facto nicht möglich oder wäre mit unverhältnismäßig hohem Aufwand verbunden.
Wenn aber alle Lieferungen mit einem Werkstoffzeugnis ausgestattet sind, genügt es, die Werkstoffzeugnisse der Lieferungen, die zum Zeitpunkt der Herstellung im Lager bzw. auf den Montagefahrzeugen vorhanden sind, in die Dokumentation aufzunehmen.

- Eine Auflistung aller angewendeter harmonisierter Normen einschließlich Fundstelle im Amtsblatt der EU
  Diese Auflistung kann z. B. auch Bestandteil der Konformitätserklärung werden.

- Beschreibung der Lösungen zur Erfüllung der Sicherheitsanforderungen, bei denen keine harmonisierte Norm verwendet wurde.
- Auch wenn die harmonisierten Normen eine herausgehobene Stellung unter den Normen genießen, so sind es doch technische Normen. Wenn diese aus irgendeinem Grund nicht zur Anwendung kommen, muss ausführlich dokumentiert werden, wie man dennoch die gesetzlichen Anforderungen zur Sicherheit der Maschinen erfüllt hat.
- Schemata der Anlage: Rohrleitungs- und Instrumentenfließbild, elektrischer Schaltplan

  Bei der Erstellung der Schemata beginnt man mit dem R&I-Fließbild. In diesem Schema wird jedes Objekt mit einem Referenzkennzeichen versehen. Da die elektrische Ausrüstung Bestandteil des Objekts Kältemaschine bzw. Wärmepumpe ist, werden diese Referenzkennzeichen für alle Objekte in den Schaltplan übernommen, die nicht Bestandteil des Schaltschranks sind:

  1. Verdichter, Verflüssigungssätze, Verdichtersätze oder Verbundsätze einschließlich Ölsumpfheizung, Leistungsregelung, Öldifferenzdruckschaltern und Motorschutzgeräten im Anschlussgehäuse
  2. Verflüssiger und Rückkühler einschließlich Lüftereinheiten, Reparaturschalter und werksseitig montierter Drehzahlregler
  3. Verdampfer einschließlich Lüftereinheiten und elektrischer Abtauheizung
  4. Kältemittelsammelbehälter mit elektrischer Füllstandsmeldung o. Ä.

Nach Durchführung der technischen Prüfungen werden hinzugefügt:

- Protokoll zur Druckfestigkeitsprüfung

  Alle Komponenten müssen entweder individuell oder als Baumuster auf ihre Druckfestigkeit geprüft werden. Alternativ können drei Proben einer Ermüdungsprüfung unterzogen werden. Die Prüfungen dürfen an einzelnen Baugruppen oder an der vollständig zusammengesetzten Maschine durchgeführt werden.

  Die DIN EN 378-2:2017 erlaubt den Verzicht auf die Druckfestigkeitsprüfung nur, wenn die eingesetzten Komponenten entweder entsprechend ihrer Produktnorm oder als Baumuster oder individuell auf Druckfestigkeit geprüft wurden. Die entsprechenden Produktnormen sind in der Tabelle 1 der DIN EN 378-2 aufgelistet, siehe auch Kapitel 20.
- Protokoll zur Dichtheitsprüfung
- Protokoll zu den Funktionstests der Sicherheitselemente
- Protokoll über die elektrische Prüfung nach DIN EN 60204-1 (VDE 0113)

  Bei einer Montage vor Ort kann die erste Prüfung nur von einem eingetragenen Elektrofachbetrieb durchgeführt werden. Da die Maschine an das Niederspannungsnetz angeschlossen wird, muss die Netzanschlussverordnung (NAV) beachtet werden.

- Konformitätserklärung

  Die Unterlagen müssen entsprechend den gesetzlichen Bestimmungen aufbewahrt werden.

7.1 Prüfung der Druckfestigkeit

Die Prüfung wird mit einem Druck durchgeführt, der höher als der zulässige Betriebsdruck ist. Die Prüfung muss deshalb unter entsprechenden Sicherheitsvorkehrungen durchgeführt werden. Es darf sich niemand in der Nähe von Rohrleitungen oder anderen Ausrüstungsteilen aufhalten, die sich im Versagensfall lösen könnten. Insbesondere bei vor Ort errichteten Anlagen bedeutet dies eine vorübergehende Sperrung der betroffenen Räumlichkeiten. Wenn Rohrleitungen oder Bauteile abreißen, werden sehr große Kräfte freigesetzt, die mit denen einer Verpuffung verglichen werden können.

Im Anhang 1 Abschnitt 7.4 der Druckgeräterichtlinie werden zwei Werte genannt, die als Prüffaktor infrage kommen:

a) den 1,25-fachen Wert der Höchstbelastung des Druckgeräts im Betrieb unter Berücksichtigung des höchstzulässigen Drucks und der höchstzulässigen Temperatur;

b) den 1,43-fachen Wert des höchstzulässigen Drucks *PS*.

Es gilt weiterhin, dass bei Druckbehältern der hydrostatische Prüfdruck den höheren der beiden Werte nicht unterschreiten darf.

In EN 378-2 wird zwischen den folgenden Prüfsituationen unterschieden:

- Prüfung einzelner Komponenten

  Einzelne Komponenten werden nach Abschnitt 5.3.2.2 geprüft. Jedes Einzelteil wird mit dem 1,43-fachen des maximal zulässigen Betriebsdrucks geprüft.

- Baumusterprüfung

  Ein Baumuster wird mit dem Dreifachen des zulässigen Betriebsdrucks *PS* geprüft oder es wird eine Ermüdungsprüfung entsprechend dem Abschnitt 5.3.2.2 d) durchgeführt.

- Prüfung einer Gesamtanlage

  Wenn die Einzelbauteile keiner Druckfestigkeitsprüfung unterzogen wurden (Produktnorm oder Abschnitt 5.3.2.2 der EN 378-2), wird die Gesamtanlage einer Druckfestigkeitsprüfung unterzogen. Grundsätzlich wird auch die Gesamtanlage mit dem 1,43-fachen des maximal zulässigen Betriebsdrucks *PS* geprüft.

Wenn der 1,43-fache zulässige Druck zu gefährlich für die Anlage ist, darf ersatzweise mit dem 1,1-fachen des zulässigen Drucks geprüft werden und zusätzlich werden 10 % der nichtlösbaren Verbindungen zerstörungsfrei geprüft (DIN EN 1290, DIN EN 1435, DIN EN 1714, DIN EN 12799).

Es ist besonders darauf zu achten, dass die Niederdruckseite des Verdichters nicht höher beaufschlagt wird als der zulässige Betriebsdruck *PS*, den der Hersteller des Verdichters angibt. Der Verdichter muss gegebenenfalls durch Abtrennung von der Anlage geschützt werden!

- Rohrleitungen

  Für Rohrleitungen der Kategorie II oder höher gilt, dass sie nach der harmonisierten Norm EN 14276-2 geprüft werden oder mit dem 1,43-fachen des maximal zulässigem Drucks der Maschine.

  Für Rohrleitungen der Kategorie I oder niedriger gilt, dass entweder wie bei Kategorie II geprüft wird oder aber mit dem 1,1-fachen des zulässigen Drucks. Oder es wird eine Baumusterprüfung durchgeführt, wenn es sich um eine Serienherstellung handelt.

Tab. 7.1 Prüfdrücke für die Druckfestigkeitsprüfung

<table>
<tr><th rowspan="2">Druckgeräte-richtlinie</th><th colspan="5">EN 378-2</th></tr>
<tr><th>Einzelkomponenten</th><th>Baumuster</th><th>Ermüdungsprüfung</th><th>Rohrleitungen</th><th>Gesamtanlage</th></tr>
<tr><td>der höhere Wert von:</td><td rowspan="3">$1{,}43 \times PS$</td><td rowspan="3">$3 \times PS$</td><td>$2 \times PS$
drei Proben</td><td rowspan="2">Kat. II,III oder IV:
EN 14276-2
oder
$1{,}43 \times PS$</td><td>$1{,}43 \times PS$</td></tr>
<tr><td>$1{,}43 \times PS$</td><td rowspan="2">drei weitere Proben:
im Wechsel
$p_{T,hoch} \geq 0{,}7 \times PS$
$p_{T,niedr} \leq 0{,}2 \times PS$</td><td rowspan="2">$1{,}1 \times PS$
und 10 % der nicht lösbaren Verbindungen zerstörungsfrei prüfen</td></tr>
<tr><td>$1{,}25 \times PB$
TS beachten!</td><td>Art. 4 Abs.3 oder Kat. I:
$1{,}1 \times PS$</td></tr>
</table>

Bei der Prüfung dürfen keine Verformungen auftreten.

Über die Prüfungen wird ein Protokoll erstellt, das folgende Angaben enthält:

- maximal zulässiger Druck
- maximal zulässige Temperatur
- verwendbares Kältemittel
- verwendbares Öl
- Unterzeichnung durch den Sachkundigen, der die Prüfung oder Kontrolle durchgeführt hat

7.2 Prüfung der Dichtheit

Dies ist eine Druckprüfung, die immer durchgeführt werden muss. Aber im Gegensatz zur Druckfestigkeitsprüfung darf diese Prüfung höchstens mit dem maximal zulässigen Betriebsdruck *PS* der Maschine durchgeführt werden. Es gilt der Druck *PS*, der auf dem Maschinenschild angegeben ist.

Prüfdruck für die Dichtheitsprobe
Der Druck sollte so hoch wie möglich gewählt werden; aber er liegt unter dem maximal zulässigen Betriebsdruck *PS* des Herstellers.
Insbesondere wenn Druckentlastungseinrichtungen montiert sind, zum Beispiel abblasende Sicherheitsventile, sollte ein Abstand zum Ansprechdruck dieser Einrichtungen gewahrt bleiben. Eine Differenz in der Größenordnung 10 % vom Ansprechdruck sollte in der Regel genügen.
Der Ansprechdruck der Ventile richtet sich aber nicht nach dem maximal zulässigen Betriebsdruck *PS* des Herstellers, sondern nach dem maximal zulässigen Betriebsdruck P_B des Betreibers!

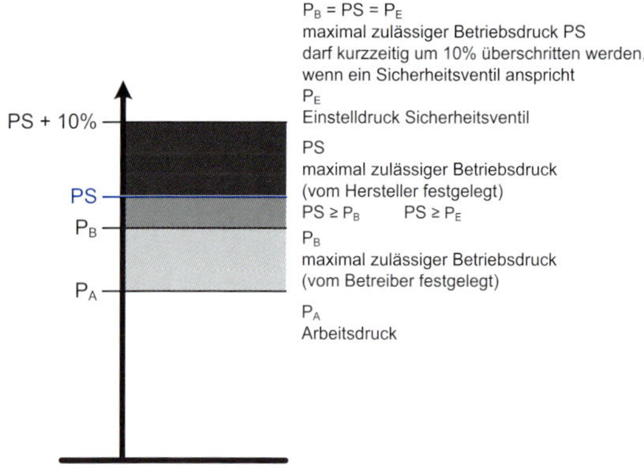

Abb. 7.2 Zusammenhang zwischen den zulässigen Betriebsdrücken und dem Anlagendruck

Abb. 7.3 Zusammenhang zwischen den zulässigen Betriebsdrücken und dem Prüfdruck für die Dichtheitsprüfung
links: maximal zulässiger Betriebsdruck des Betreibers gleich dem zulässigen Betriebsdruck des Herstellers
rechts: zulässiger Betriebsdruck des Betreibers niedriger als *PS*, Prüfdruck P_P mit Abstand zum Ansprechwert des Sicherheitsventils

7.3 Prüfung der Sicherheitselemente

Es muss geprüft werden, ob die Sicherheitseinrichtungen gegen Drucküberschreitung tatsächlich bei den vorgegebenen Werten auslösen. Die Anlage muss also so konstruiert werden, dass diese Auslösepunkte angefahren werden können. Wenn mehrere Sicherheitselemente mit gestaffelten Abschaltpunkten vorhanden sind, werden ggf. einige dieser Elemente vorübergehend deaktiviert. Diese Prüfungen sind also mit einem deutlich erhöhten Risiko verbunden.

Es müssen entsprechende Vorsichtsmaßnahmen ergriffen werden. Diese sollten auch dokumentiert werden, da sie ggf. auch in die Instandhaltungsanleitungen aufgenommen werden müssen.

Gefahr der Überhitzung von Antrieben
Bei diesen Prüfungen muss die Maschine mehrfach hintereinander aus dem Stillstand anfahren. Es besteht daher die Gefahr, dass die Antriebsmotoren überhitzen. Es müssen deshalb entsprechende Wartezeiten eingehalten werden, sofern dies nicht bereits in der Verdichtersteuerung berücksichtigt ist.
Typische Werte für Vierzylinder-Halbhermetik-Verdichter sind drei Minuten Mindestlaufzeit und sechs Minuten Mindeststillstandszeit. Eine Faustregel besagt, dass Verdichter maximal sechsmal pro Stunde anlaufen sollten. Die genauen Daten sind in den Herstellerunterlagen zum Verdichter zu finden!

7.4 Prüfung der elektrischen Ausrüstung

Die Prüfung der elektrischen Ausrüstung erfolgt nach DIN VDE 0113. Die elektrische Prüfung besteht aus zwei Teilen: Besichtigen sowie Erproben und Messen

- Besichtigen ist die Untersuchung der elektrischen Anlage mit allen Sinnen, um die richtige Auswahl der Betriebsmittel und die ordnungsgemäße Errichtung der Anlage nachzuweisen.
- Erproben und Messen sind Maßnahmen, mit denen die ordnungsgemäße Funktion der elektrischen Anlage nachgewiesen wird.

Die Besichtigung ist durchzuführen, um festzustellen, dass die elektrischen Betriebsmittel der festen Installation

- den Sicherheitsanforderungen der zutreffenden Betriebsmittelnormen entsprechen (Kennzeichnung, Zertifikate).
- entsprechend der DIN VDE 0113, der Normenreihe DIN VDE 0100 und den Vorgaben der Hersteller richtig ausgewählt und errichtet wurden.
- ohne sichtbare, die Sicherheit beeinträchtigende Beschädigungen sind.

Das Besichtigen umfasst folgende Prüfungen:

- Übereinstimmung der ausgeführten elektrischen Ausrüstung mit der technischen Dokumentation.
- Vorhandensein aller erforderlichen Bescheinigungen und Zertifikate, z. B. Einbauerklärung von Frequenzumrichtern.
- Vollständigkeit der Betriebsmittelkennzeichnung und Übereinstimmung mit der Dokumentation. Die DIN VDE 0113 fordert im Übrigen die Referenzkennzeichnung nach DIN EN 81346!
- ordnungsgemäßer Anschluss der Betriebsmittel
- ordnungsgemäße Befestigung bzw. Montage der Betriebsmittel
- Überprüfung der sicheren Trennung zwischen Stromkreisen mit gefährlicher Spannung und PELV-Stromkreisen (Schutzkleinspannung)

Bei Errichtung der Anlage vor Ort sollten auch die Prüfungen nach DIN VDE 0100-600 angewendet werden:

- Art des Schutzes gegen elektrischen Schlag,
- Vorhandensein von Brandabschottungen und anderen Vorsichtsmaßnahmen gegen die Ausbreitung von Feuer und Schutz gegen thermische Einflüsse
- Auswahl der Kabel, Leitungen und Stromschienen hinsichtlich Strombelastbarkeit und Spannungsfall (Dokumentation)
- Auswahl und Einstellung von Schutz- und Überwachungsgeräten (Übereinstimmung mit der Dokumentation)

- korrekte Kennzeichnung der Neutral- und der Schutzleiter
- ordnungsgemäßes Vorhandensein von Schutzleitern, einschließlich Potentialausgleichsleiter für den Hauptpotentialausgleich
- Leichte Zugänglichkeit der Betriebsmittel zur Bedienung, Kennzeichnung und Instandhaltung

Hinzu kommen alle Anforderungen für Anlagen oder Räume besonderer Art, wie sie beispielsweise in der Gruppe 700 der DIN VDE 0100 beschrieben sind.

Zur Erprobung und Messung gehören nach DIN VDE 0113 die folgenden Prüfungen, die in dieser Reihenfolge durchgeführt werden sollen:

- durchgehende Verbindung des Schutzleiters
- Isolationswiderstandsprüfungen
- Schutz gegen Restspannungen
- Funktionsprüfungen

7.5 Qualifikation der Prüfer

Grundsätzlich müssen prüfende Personen über eine ausreichende Fachkunde verfügen. Prüfungen, die im Zuständigkeitsbereich der Druckgeräterichtlinie (DGRL) liegen, werden in vielen Fällen durch die benannte Stelle durchgeführt (meist identisch mit der zugelassenen Überwachungsstelle ZÜS im Betrieb). In diesen Fällen wird die benannte Stelle die Anforderungen an die Personen und Organisation formulieren. Nur für Geräte der Konformitätskategorie Art. 4 Abs. 1 und I werden die Prüfungen und Bewertungen eigenständig vom Hersteller durchgeführt. Für Geräte der Kategorie I wird die Konformität nach Modul A erklärt. Ein Serienhersteller könnte aber im Rahmen seiner Qualitätssicherung die Konformität dennoch mit einem höheren Modul erklären, bei dem die benannte Stelle zumindest im Hintergrund beteiligt ist.

Die Qualifikation des Personals sollte sich an den Anforderungen an die befähigte Person nach Betriebssicherheitsverordnung orientieren. Die Personen müssen über eine einschlägige technische Berufsausbildung und mindestens einjährige Berufserfahrung in der Montage von Druckgeräteanlagen verfügen. Außerdem muss die Person sich durch die Teilnahme an Schulungen oder Unterweisungen auf dem aktuellen Stand halten.

Für Prüfungen der elektrischen Ausrüstung gelten die Anforderungen der DGUV, VDE-Vorschriften oder Anforderungen an die befähigte Person nach BetrSichV (§2 Absatz (6)).

Die DGUV-Vorschrift 3 sieht für die notwendigen Prüfungen eine Elektrofachkraft vor, d h., die Person verfügt im Regelfall über eine erfolgreich abgeschlossene elektrotechnische Berufsausbildung. Infrage kommen alle elektrotechnischen Berufsbilder, die den Bereich Installation, Elektroanlagenbau oder Energieanlagenbau einschließlich der Mess-, Steuer- und Regeltechnik zum Gegenstand haben.

Die VDE-Vorschriften fordern, dass nur die Elektrofachkraft selbstständig tätig wird. Alle anderen Personen dürfen nur unter der Leitung einer Elektrofachkraft tätig sein. Nach den VDE-Vorschriften kann eine Elektrofachkraft aufgrund ihrer Ausbildung, Kenntnisse und Erfahrungen der ihr übertragenen Arbeiten beurteilen und Gefahren erkennen. Zudem verfügt sie über Kenntnis der einschlägigen technischen Regeln und Rechtsnormen. Im Regelfall gilt auch hier die erfolgreich abgeschlossene Berufsausbildung in einem elektrotechnischen Beruf als hinreichender Nachweis.

Es muss aber unbedingt beachtet werden, dass die Elektrofachkraft und auch die Elektrofachkraft für festgelegte Tätigkeiten ein Zustand ist, der nicht allein durch Ausbildung oder Weiterbildung erreicht und erhalten werden kann. Es ist immer die Schnittmenge aus Ausbildung, Erfahrung und aktueller Tätigkeit.

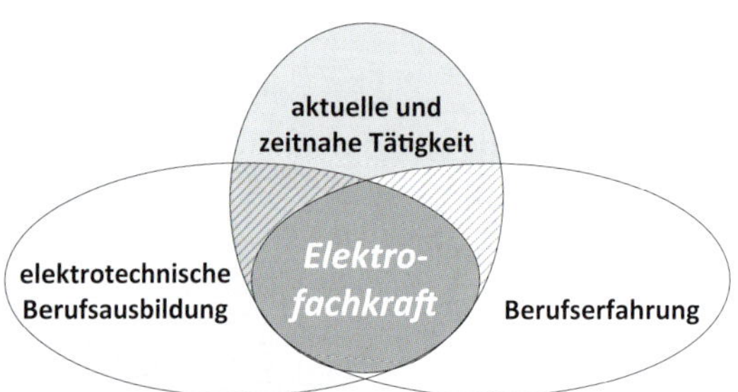

Abb. 7.4 Der „Zustand" Elektrofachkraft ist die Schnittmenge aus Berufsausbildung, Berufserfahrung und aktueller Tätigkeit

Auch die BetrSichV fordert grundsätzlich eine entsprechende Berufsausbildung und zeitnahe berufliche Tätigkeit. Für die elektrische Prüfung formuliert die TRBS 1203 in der gültigen Fassung von 2010 detaillierte Anforderungen. Dort werden eine elektrotechnische Berufsausbildung und eine mindestens einjährige Berufserfahrung in der Montage oder Instandhaltung von elektrotechnischen Anlagen gefordert. Und selbstverständlich gilt wieder die Forderung an Schulungen oder Unterweisungen teilzunehmen, um sich nachweislich auf den aktuellen Stand zu halten.

8 Feststellung der Konformität

Da Kältemaschinen und Wärmepumpen auf jeden Fall in den Geltungsbereich einer Richtlinie fallen, die eine CE-Kennzeichnung fordert, muss die Konformität mit EU-Rechtsnormen festgestellt werden und eine entsprechende Erklärung abgegeben werden.

Hierbei wird zwischen zwei Varianten der Konformitätserklärung unterschieden:

- Konformitätserklärung

  wird für vollständige Maschinen ausgestellt.

- Einbauerklärung

  wird für unvollständige Maschinen ausgestellt.

Der Hersteller, Importeur oder Händler einer einzelnen Komponente oder Baugruppe, die für sich genommen noch nicht funktionsfähig bzw. vollständig ist (unvollständige Maschine), erklärt lediglich, dass seine Komponente die gesetzlichen Anforderungen erfüllt, wenn sie entsprechend seiner beigefügten Montageanleitung korrekt montiert wurde. Diese Einbauerklärung ersetzt nicht die Konformitätserklärung des Errichters, der mehrere solcher Komponenten zu einer vollständigen Maschine zusammenfügt. Sie ist aber Bestandteil seiner Anlagendokumentation und Grundlage für seine Konformitätserklärung.

Die Konformität von Kältemaschinen und Wärmepumpen wird auf Grundlage folgender Richtlinien erklärt:

- 2014/68/EU Pressure Equipment Directive / Druckgeräterichtlinie

  Kältemaschinen und Wärmepumpen, die gemäß der Druckgeräterichtlinie 2014/68/EU in die Kategorie I oder unter Artikel 4 Absatz 3 fallen, unterliegen nicht dieser Richtlinie, sondern nur noch der Maschinenrichtlinie 2006/42/EG und der Niederspannungsrichtlinie 2014/35/EU. Hinzu kommt die Richtlinie 2004/108/EG zur elektromagnetischen Verträglichkeit, wenn elektrische Betriebsmittel enthalten sind, die dieser Richtlinie unterliegen, z. B. Frequenzumrichter und Schaltnetzteile.

- 2006/42/EG Richtlinie über Maschinen

  In jedem Fall handelt es sich bei Kältemaschinen und Wärmepumpen um Maschinen im Sinne dieser Richtlinie. Es spielt keine Rolle, ob die Verdichter mechanisch oder thermisch angetrieben werden. Auch die Art des Antriebsmotors – Elektromotor oder Verbrennungsmotor – ist unerheblich. Ausgenommen sind nur die Exemplare, die für Forschungszwecke in Laboratorien gebaut wurden. Unterliegen die Maschinen also weder 2014/68/EU noch 2014/35/EU, bliebe immer noch die Maschinenrichtlinie. Es müssen also auf jeden Fall die allgemeinen Schutz- und Sicherheitsanforderungen an Maschinen erfüllt werden.

- 2014/35/EU Richtlinie über die Bereitstellung elektrischer Betriebsmittel zur Verwendung innerhalb bestimmter Spannungsgrenzen

  Diese Richtlinie gilt für Betriebsmittel, die mit Wechselspannung zwischen 50 und 1000 V oder mit Gleichspannung zwischen 75 und 1500 V betrieben werden.

  Ausgenommen sind Betriebsmittel, die in explosionsgefährdeter Atmosphäre betrieben werden. Für diese Betriebsmittel gilt Richtlinie 2014/34/EU.

  Aufgrund der elektrischen Ausrüstung kann also eine Konformitätserklärung nach dieser Richtlinie angezeigt sein. Denn die Maschine wird üblicherweise in das Niederspannungsnetz eingebunden und ist damit letztlich auch ein elektrisches Betriebsmittel.

- 2004/108/EG Richtlinie über die elektromagnetische Verträglichkeit

  Die Maschinen besitzen in aller Regel eine mehr oder weniger umfangreiche elektrische Ausrüstung, zumindest was die Steuerung und Regelung betrifft. Diese Ausrüstung wird in das Niederspannungsnetz eingebunden. Aber selbst wenn die Anlage autark von öffentlichen Netzen betrieben wird, ist zu überlegen, ob die Ausrüstung eventuell Funkstörungen verursachen könnte.

  Alle Steuerungen und Regelungen müssen demnach die EMV-Richtlinie erfüllen. Spätestens beim Einsatz von Leistungselektronik, z. B. für drehzahlgeregelte Antriebe, muss die Konformität zur Richtlinie erklärt werden.

Die Konformitätserklärung muss bestimmte Inhalte haben:

- Firmenbezeichnung und vollständige Anschrift des Herstellers und gegebenenfalls seines Bevollmächtigten, z. B. des Importeurs oder Gebietsvertreters
- Name und Anschrift der Person, die bevollmächtigt ist die technische Dokumentation zusammenzustellen

  Diese Person muss ihren Wohnsitz innerhalb der europäischen Union haben.

- Beschreibung und Identifizierung der Maschine

  Hierin eingeschlossen sind eine allgemeine Bezeichnung, die Funktion, das Modell, der Typ, die Seriennummer und die Handelsbezeichnung der Maschine.

- einen Satz, der ausdrücklich die Übereinstimmung mit den einschlägigen Bestimmungen der Richtlinie erklart

  In der Regel wird dies die Richtlinie 2014/68/EU sein. Hierbei muss die Richtlinie genauso genannt werden, wie ihre Referenzangabe im Amtsblatt der EU veröffentlicht ist. Die Bezeichnung *Druckgeräterichtlinie* oder das Kürzel *PED* sind nicht erlaubt.

- einen weiteren Satz, der die Übereinstimmung mit den Bestimmungen weiterer Richtlinien erklärt

Dieser Satz muss nicht enthalten sein. Bei Kältemaschinen und Wärmepumpen betrifft dies z. B. die Richtlinien 2014/35/EU und 2004/108/EG.

Unabhängig von einer Benennung in der Konformitätserklärung müssen die Anforderungen dieser Richtlinien erfüllt sein, wenn sie für die Ausrüstung der Maschine herangezogen werden können.

- gegebenenfalls die Nummer der EG-Baumusterprüfbescheinigung und Angaben zu der benannten Stelle, die das Prüfverfahren durchgeführt hat

  Es müssen der Name, die Anschrift und die Kennnummer der benannten Stelle angegeben sein.
- Wenn ein Qualitätssicherungssystem Bestandteil des Konformitätsverfahrens ist, müssen der Name, die Anschrift und die Kennnummer der benannten Stelle angegeben sein, die das System genehmigt hat.
- gegebenenfalls die Bezeichnung der angewandten harmonisierten Normen

  Hierunter sind nur die europäischen Normen zu verstehen, die im Amtsblatt der EU veröffentlicht wurden und demzufolge ein Mandat haben. Es sollten nur die europäischen Bezeichnungen verwendet werden, da juristisch nur die in Englisch abgefasste Originalfassung gültig ist.
- gegebenenfalls die Bezeichnung anderer angewandter technischer Normen und Spezifikationen

  Dies können nationale Normen und Standards sein, z. B. das AD-2000-Regelwerk.
- Ort und Datum
- Angaben zur Person, die berechtigt ist, die Konformitätserklärung auszustellen, und die Unterschrift der Person

Die angewendeten Normen müssen nicht angegeben werden. Sofern diese Normen aber unter einer genannten Richtlinie ein Mandat haben (harmonisierte Norm), ist es ein hilfreicher Hinweis, wie die Konformität erreicht wurde. Auch nationale Normen dürfen genannt werden. Sinnvoll ist dies immer dann, wenn sie die Erfüllungsvermutung von gesetzlichen Vorschriften auslösen. Dies ist bei den harmonisierten europäischen Normen der Fall. Bei Anwendung solcher Normen müssen die Marktaufsichtsbehörden im Zweifelsfall den Nachweis erbringen, dass die Konformität *nicht* erfüllt ist.

Der Hersteller oder sein Bevollmächtigter müssen das Original der Konformitätserklärung mindestens zehn Jahre aufbewahren. Die Frist beginnt nach dem letzten Tag, an dem die Maschine hergestellt wurde. Bei Einzelexemplaren, die vor Ort errichtet wurden, beginnt die Frist also nach dem Tag der Fertigstellung.

Je nach Gerätekategorie wird die Konformität nach verschiedenen Bewertungsverfahren, sogenannten Modulen, festgestellt und erklärt:

- **Kategorie des Druckgeräts: Art. 4 Abs. 1**

  Kein Bewertungsmodul, keine Konformitätserklärung, kein CE-Zeichen nach Druckgeräterichtlinie
- **Kategorie des Druckgeräts: I**

  Modul A: Interne Fertigungskontrolle (Hersteller)
  - Erstellung aller technischen Unterlagen
  - Herstellung und Prüfung
  - CE-Kennzeichnung und Konformitätserklärung
  - Aufbewahrung aller Unterlagen zehn Jahre nach Inverkehrbringung
- **Kategorie des Druckgeräts: II**

  Modul A2: Interne Fertigungskontrolle (Hersteller) mit überwachten Druckgeräteprüfungen in unregelmäßigen Abständen (benannte Stelle)
  - Erstellung aller technischen Unterlagen
  - Herstellung
  - Abnahme und Prüfung
    Die benannte Stelle überprüft durch unangemeldete Besuche, ob die interne Fertigungskontrolle alle Pflichten tatsächlich erfüllt und der Fertigungsprozess die Konformität gewährleisten kann.
  - CE-Kennzeichnung und Konformitätserklärung
  - Aufbewahrung aller Unterlagen zehn Jahre nach Inverkehrbringung

  Modul D1: Qualitätssicherung bezogen auf den Produktionsprozess
  - Erstellung aller technischen Unterlagen
  - Herstellung
  - Abnahme und Prüfung
  - CE-Kennzeichnung und Konformitätserklärung
  - Aufbewahrung aller Unterlagen zehn Jahre nach Inverkehrbringung

    Der Hersteller unterhält ein zugelassenes Qualitätssicherungssystem für die Herstellung, Endabnahme und Prüfung, das durch eine benannte Stelle bewertet und zertifiziert ist.

  Modul E1: Qualitätssicherung auf Endabnahme und Prüfung
  - Erstellung aller technischen Unterlagen
  - Herstellung
  - Abnahme und Prüfung

- CE-Kennzeichnung und Konformitätserklärung
- Aufbewahrung aller Unterlagen zehn Jahre nach Inverkehrbringung

  Der Hersteller unterhält ein zugelassenes Qualitätssicherungssystem für die Endabnahme und Prüfung, das durch eine benannte Stelle bewertet und zertifiziert ist

- **Kategorie des Druckgeräts: III Entwurfsmuster**

  Modul B+D: EU-Baumusterprüfung (Entwurfsmuster) + Qualitätssicherung, bezogen auf den Produktionsprozess

  - Eine benannte Stelle untersucht und prüft den technischen Entwurf eines Druckgeräts. Ein realisiertes Muster wird nicht geprüft.
  - Der Hersteller unterhält ein zugelassenes Qualitätssicherungssystem für die Herstellung, Endabnahme und Prüfung, das durch eine benannte Stelle bewertet und zertifiziert ist.

  Modul B+F: EU-Baumusterprüfung (Entwurfsmuster) + Überprüfung der Druckgeräte (benannte Stelle)

  - Eine benannte Stelle untersucht und prüft den technischen Entwurf eines Druckgeräts. Ein realisiertes Muster wird nicht geprüft.
  - Eine benannte Stelle untersucht und prüft jedes Druckgerät auf Übereinstimmung mit dem EU-Baumuster und Konformität.

- **Kategorie des Druckgeräts: III Baumuster**

  Modul B+E: EU-Baumusterprüfung (Baumuster) + Qualitätssicherung, bezogen auf das Druckgerät

  - Eine benannte Stelle untersucht und prüft den technischen Entwurf eines Druckgeräts. Ein repräsentatives Muster des vollständigen Druckgeräts wird ebenfalls geprüft.
  - Der Hersteller unterhält ein zugelassenes Qualitätssicherungssystem, das durch eine benannte Stelle bewertet und zertifiziert ist. Das Qualitätssicherungssystem stellt sicher, dass das Druckgerät in seinen Eigenschaften mit dem Baumuster übereinstimmt.

  Modul B+C2: EU-Baumusterprüfung (Baumuster) + Interne Fertigungskontrolle (Hersteller) mit überwachten Druckgeräteprüfungen in unregelmäßigen Abständen (benannte Stelle)

  - Eine benannte Stelle untersucht und prüft den technischen Entwurf eines Druckgeräts. Ein repräsentatives Muster des vollständigen Druckgeräts wird ebenfalls geprüft.

  - Die benannte Stelle überprüft durch unangemeldete Besuche, ob die interne Fertigungskontrolle alle Pflichten tatsächlich erfüllt und der Fertigungsprozess die Konformität gewährleisten kann.

- **Kategorie des Druckgeräts: III**

  Modul H: Umfassende Qualitätssicherung

  - Der Hersteller unterhält ein zugelassenes Qualitätssicherungssystem für alle Phasen des Herstellungsprozesses, das durch eine benannte Stelle bewertet und zertifiziert ist.
  - Der Hersteller bewahrt alle Unterlagen (einschließlich den Unterlagen zur Qualitätssicherung) zehn Jahre nach Inverkehrbringung auf.

- **Kategorie des Druckgeräts: IV Baumuster**

  Modul B+D: EU-Baumusterprüfung (Entwurfsmuster) + Qualitätssicherung, bezogen auf den Produktionsprozess

  - Eine benannte Stelle untersucht und prüft den technischen Entwurf eines Druckgeräts. Ein repräsentatives Muster des vollständigen Druckgeräts wird ebenfalls geprüft.
  - Der Hersteller unterhält ein zugelassenes Qualitätssicherungssystem für die Herstellung, Endabnahme und Prüfung, das durch eine benannte Stelle bewertet und zertifiziert ist.

  Modul B+F: EU-Baumusterprüfung (Entwurfsmuster) + Überprüfung der Druckgeräte (benannte Stelle)

  - Eine benannte Stelle untersucht und prüft den technischen Entwurf eines Druckgeräts. Ein repräsentatives Muster des vollständigen Druckgeräts wird ebenfalls geprüft.
  - Eine benannte Stelle untersucht und prüft jedes Druckgerät auf Übereinstimmung mit dem EU-Baumuster und Konformität.

- **Kategorie des Druckgeräts: IV**

  Modul G: Konformität auf der Grundlage einer Einzelprüfung

  Hersteller:

  Erstellung aller technischen Unterlagen
  - Herstellung
  - Aufbewahrung aller Unterlagen zehn Jahre nach Inverkehrbringung

  benannte Stelle:

  - Überprüfung (Entwurf, Fertigung etc.)
  - Schlussprüfung
  - CE-Kennzeichnung und Konformitätserklärung

Modul H1: Umfassende Qualitätssicherung mit Entwurfsprüfung

- Eine benannte Stelle untersucht und prüft den technischen Entwurf eines Druckgeräts.
- Der Hersteller unterhält ein zugelassenes Qualitätssicherungssystem für alle Phasen des Herstellungsprozesses, das durch eine benannte Stelle bewertet und zertifiziert ist.
- Der Hersteller bewahrt alle Unterlagen (einschließlich den Unterlagen zur Qualitätssicherung) zehn Jahre nach Inverkehrbringung auf.

Für kleinere und mittlere Handwerksbetriebe kommen nur die Module A, A2 und G infrage, da alle anderen Verfahren voraussichtlich einen zu hohen organisatorischen, logistischen und kostenintensiven Aufwand darstellen.

Grundsätzlich dürfen alle Druckgeräte mit einem höheren Modul bewertet werden, als vorgesehen. Das heißt, auch Geräte der Kategorie I bis III können bei Bedarf mit dem Modul G bewertet werden. Dies ist beispielsweise notwendig, wenn in einer vor Ort errichteten Maschine ein baumustergeprüfter Kältemittelsammler der Kategorie III eingebaut wird. Oder ein Betrieb verfügt nicht über eine Zertifizierung, die das Modul A2 ermöglicht.

Wenn eine Kältemaschine oder Wärmepumpe nur der Druckgerätekategorie Art. 4 Absatz 3 angehört, darf zwar kein CE-Kennzeichen angebracht und keine Konformitätserklärung nach der Druckgeräterichtlinie ausgestellt werden, aber diese Maschinen unterliegen immer noch der Maschinenrichtlinie und der Niederspannungsrichtlinie. Die Konformitätserklärung und Anbringung des CE-Kennzeichens erfolgt auf Basis dieser EU-Richtlinien. Auch diese Richtlinien kennen entsprechende Bewertungsverfahren. Es könnte sich hierbei zum Beispiel um Monosplit-Raumklimageräte handeln.

Kältemaschinen und Wärmepumpen sind nicht im Anhang IV der Maschinenrichtlinie 2006/42/EG aufgeführt. Daher wird grundsätzlich das Konformitätsbewertungsverfahren nach Anhang VIII durchgeführt, dies wiederum bedeutet, dass mit einer internen Fertigungskontrolle gearbeitet wird und die technischen Unterlagen entsprechend Anhang VII Teil A erstellt werden. Die interne Fertigungskontrolle entspricht quasi dem Modul A der Druckgeräterichtlinie.

Es müssen folgende Unterlagen erstellt werden und mindestens zehn Jahre aufbewahrt werden:

- eine allgemeine Beschreibung der Maschine
- eine Übersichtszeichnung der Maschine und Schaltpläne, d. h. R&I-Fließbilder und elektrische Schaltungsunterlagen und Beschreibungen
- vollständige Detailzeichnungen und ggf. Berechnungen etc.

- Unterlagen über die Risikobeurteilung
  - eine Liste der grundlegenden Sicherheits- und Gesundheitsschutzanforderungen
  - eine Beschreibung der ergriffenen Schutzmaßnahmen und ggf. Liste der Restgefahren
- die angewandten Normen und sonstige technische Spezifikationen
- alle technischen Berichte mit den Ergebnissen der Prüfungen
- ein Exemplar der Betriebsanleitung
- ggf. die Einbauerklärung für unvollständige Maschinen und die Einbauanleitung für diese unvollständigen Maschinen
- ggf. eine Kopie der Konformitätserklärungen/Einbauerklärungen für Maschinen und Produkte, die in die Maschine eingebaut wurden
- eine Kopie der Konformitätserklärung

EU-Konformitätserklärung

gemäß Druckgeräterichtlinie 2014/68/EU

veröffentlicht im Amtsblatt der Europäischen Union L189 vom 27.06.2014 auf Seite 164 ff.

Druckgerätbezeichnung:	Kältemaschine für sechs Kühlräume
Produktionsnummer:	2017001
Hersteller:	Kälte-Klima Eisvogel Carl von Linde Weg 1 99999 Eisigheim

Der Hersteller erklärt in alleiniger Verantwortung, das folgendes Druckgerät:

Kältemaschine für sechs Normalkühlräume bei +2°C
bestehend aus mehreren drehzahlgeregelten halbhermetischen Verdichtern, einem luftgekühltem Verflüssiger mit EC-Motoren, sechs Luftkühlern mit EC-Motoren, zwei Kältemittelsammlern, der notwendigen Verrohrung und elektrischen Ausrüstung.

die Anforderungen der Richtlinie erfüllt.

Es wurde das Konformitätsbewertungsmodul A2 angewendet.

Das Druckgerät wurde aus folgenden Baugruppen zusammengefügt:

Halbhermetische Hubkolbenverdichter, Drehzahlregelung mittels Frequenzumrichter	keine Einstufung nach 2014/68/EU Konformitätserklärung nach 2006/42/EG Konformitätserklärung nach 2014/35/EU Herstellererklärung nach 2014/30/EU liegen vor
Luftgekühlter Verflüssiger mit EC-Motoren	Art. 4 Absatz 3 nach 2014/68/EU Konformitätserklärung nach 2014/35/EU Herstellererklärung nach 2014/30/EU liegen vor
Luftkühler mit EC-Motoren und elektrischer Abtauheizung	Art. 4 Absatz 3 nach 2014/68/EU Konformitätserklärung nach 2014/35/EU Herstellererklärung nach 2014/30/EU liegen vor
Flüssigkeitssammler	Kategorie II nach 2014/68/EU Modul B+D Konformitätserklärung liegt vor

Angewandte harmonisierte Normen:

EN 378-2:2016, EN 14276-2:2007 + A1:2011, EN 13136:2013, EN ISO 13585:2012, EN 60204-1:2006+A1:2009

Angewandte nationale Normen:

DIN VDE 0298-4:2013-06

Notifizierte Stelle:	NB xxxxx TÜV xy Cert GmbH Am TÜV 99999 Eisigheim
Ausgestellt am:	01. Mai 2017 Eisigheim

Unterschrift
Inhaber, Häuptling

Abb. 8.1 Beispiel für eine Konformitätserklärung für eine vor Ort errichtete Kältemaschine.

Teil 3 Normung in Europa

9 Die Normungsgremien

Bei den Normen muss unterschieden werden zwischen internationalen, europäischen und nationalen Normen. Die Originalfassung internationaler und europäischer Normen ist immer in englischer Sprache verfasst. Nur diese englische Originalfassung ist rechtlich verbindlich; soweit technische Normen überhaupt rechtliche Bindungskraft besitzen.

Es gibt jeweils verschiedene Organisationen, die die Standards erarbeiten. Hierbei existieren auch Querverbindungen untereinander. Es gibt im Wesentlichen drei Sparten der Normung:

1. Allgemeine Normen für Maschinenbau, Hochbau, technische Kommunikation etc.
   Normenorganisationen: CEN, ISO, DIN
2. Elektrotechnische Normen
   Normenorganisationen: CEN, CENELEC, IEC, DIN, VDE
3. Informationstechnische (telekommunikative) Normen
   Normenorganisationen: ETSI, ITU

Die Vielfalt der Organisationen erklärt sich zum einen durch die verschiedenartigen technischen Aufgabengebiete, zum anderen durch die Unterscheidung international, europäisch und national.

Tab. 9.1 Übersicht der Normenorganisationen

europäisch	**international**	**national (Deutschland)**
CEN Comité Européen de Normalisation Europäisches Komitee für Normung	ISO International Standard Organisation Internationale Normungsorganisation	DIN Deutsches Institut für Normung
CENELEC Comité Européen de Normalisation Electrotechnique Europäisches Komitee für elektrotechnische Normung	IEC International Electrotechnique Commission Internationale Elektrotechnische Kommission	DKE im DIN und VDE Deutsche Kommission Elektrotechnik DIN Deutsches Institut für Normung VDE Verband der Elektrotechnik, Elektronik und Informationstechnik
ETSI Europäisches Institut für Telekommunikationsnormen	ITU International Telecommunications Union Internationale Fernmeldeunion	DKE

Das CEN wurde 1961 in Paris als Zusammenschluss der nationalen Normungsinstitutionen in der Europäischen Gemeinschaft (EG) und der Europäischen Freihandelsassoziation (EFTA) gegründet. Es handelt sich um einen internationalen gemeinnützigen Verein mit Sitz in Brüssel. Für jedes Land kann immer nur eine Institution Mitglied im CEN werden. Für Deutschland ist es das DIN.

Das CEN ist eine europäische Normungsorganisation (ESO) im Rahmen der EU-VO 1025/2012.

Die Satzung des Vereins kann auf der Internetseite www.cen.eu als PDF u. a. auch in Deutsch heruntergeladen werden. Quartalsberichte zu den Veröffentlichungen der diversen Dokumente gibt es aber nur in Englisch. Hier findet man z. B. Angaben zur durchschnittlichen Zeitdauer für die Entstehung einer Europäischen Norm (EN) mit rund 2,5 Jahren. Man erfährt auch, wie viele Normen mit den internationalen ISO-Normen und IEC-Vorschriften identisch sind. Immerhin waren 32 % aller CEN-Publikationen mit ISO und 72 % aller CENELEC-Publikationen mit IEC identisch (Stand zweites Quartal 2017). Ein Viertel aller CEN-Dokumente sind unter einem Mandat (EU/EFTA) entstanden.

Das CENELEC wurde 1972 mit Sitz in Brüssel gegründet. Die Mitglieder sind natürliche oder juristische Personen, die mit der elektrotechnischen Normung betraut sind. In der historischen Entwicklung der Normung gab es in Deutschland kein Elektrotechnisches Komitee. Die elektrotechnische Normung fand sowohl im DIN als auch im VDE statt. Es kann aber immer nur eine nationale Organisation Mitglied im CEN bzw. CENELEC werden, daher wurde die DKE Deutsche Kommission Elektrotechnik Elektronik Informationstechnik im DIN und VDE gegründet. Weitere Informationen zum CENELEC findet man auf der Internetseite www.cenelec.eu.

Die internationalen Normen werden in Fachnormenausschüssen erarbeitet. Die nationalen Organisationen unterhalten ebenfalls Fachnormenausschüsse, die die Struktur der internationalen Ausschüsse wiederspiegeln. Für Kältetechnik und Wärmepumpen sind im Grunde verschiedene Ausschüsse zuständig, da durch diverse Werkstoffe, Sicherheitsaspekte etc. nicht nur ein Ausschuss relevante Normen erarbeitet. Zu diesen Ausschüssen gehören: Fachnormenausschuss Kälte (FNKä), Normenausschuss Schweißen und verwandte Verfahren (NAS), Fachnormenausschuss Nichteisenmetalle (FNNE); Fachnormenausschuss Eisen und Stahl (FES), Normenausschuss Sicherheitstechnische Grundsätze (NASG). Für die relevanten elektrotechnischen Normen ist die DKE zuständig.

Für die Verwaltungsvorgänge innerhalb eines Fachnormenausschusses ist deren Sekretariat zuständig. Die Sekretariate der internationalen Ausschüsse sind bei einem nationalen Fachnormenausschuss angesiedelt. Wie viele und welche Sekretariate eine nationale Normungsinstitution unterhält, wird in den Gremien von CEN, CENELEC etc. beschlossen.

10 Harmonisierte europäische Normen

Es gibt verschiedene Abstufungen bei den Normen. Bedauerlicherweise wird der Begriff „harmonisiert“ in zweierlei Art verwendet. Zum einen als allgemeines Attribut aller Normen des CEN und CENELEC, um zum Ausdruck zu bringen, dass diese Normen in allen Staaten zur Anwendung kommen, deren nationale Normungsorganisationen Mitglied des CEN oder CENELEC sind. Hierdurch gibt es im Regelfall keine oder nur geringe nationale Unterschiede in der Normung. Zum anderen wird der Begriff in europäischen Rechtsnormen verwendet, um die Sonderrolle als Norm mit einem Mandat der Europäischen Kommission und/oder des Europaparlaments hervorzuheben.

Eine weitere Form der Abstufung ist die Einteilung in die Klassen A, B und C. Diese Klasseneinteilung wird für Sicherheitsnormen vorgenommen, die im normativen Zusammenhang zur EN 12200 stehen.

Die harmonisierten europäischen Normen werden im Amtsblatt veröffentlicht. Die Liste der Normen kann im Internet unter eur-lex.europa.eu abgerufen werden.

Auffinden der Normenmitteilung
Am einfachsten findet man die Mitteilung, wenn man die Richtlinie aufruft und dort unter dem Reiter „Informationen zum Dokument“ weitersucht. Man scrollt zum Punkt „Verbindung zwischen Dokumenten“ und klickt auf „Anzeige aller Dokumente, für die dieser Rechtsakt Rechtsgrundlage ist“. Dort findet man ein Dokument mit dem Titel: Mitteilung der Kommission ... (Veröffentlichung der Titel und der Bezugsnummern der harmonisierten Normen ...)...

Eine andere Möglichkeit ist die Suche auf den Internetseiten der Normungsorganisationen. Man kann dort beispielsweise nach dem Begriff *Refrigeration*, dem *Technischen Komitee TC182* oder der Nummer einer Norm suchen.

9.2.2018 DE Amtsblatt der Europäischen Union C 49/1

IV

(Informationen)

INFORMATIONEN DER ORGANE, EINRICHTUNGEN UND SONSTIGEN STELLEN DER EUROPÄISCHEN UNION

EUROPÄISCHE KOMMISSION

Mitteilung der Kommission im Rahmen der Durchführung der Richtlinie 2014/68/EU des Europäischen Parlaments und des Rates zur Harmonisierung der Rechtsvorschriften der Mitgliedstaaten über die Bereitstellung von Druckgeräten auf dem Markt

(Veröffentlichung der Titel und der Bezugsnummern der harmonisierten Normen im Sinne der Harmonisierungsrechtsvorschriften der EU)

(Text von Bedeutung für den EWR)

(2018/C 049/01)

Das nachfolgende Verzeichnis enthält die Bezugsnummern von harmonisierten Normen für Druckgeräte und von harmonisierten grundlegenden Normen für zur Herstellung von Druckgeräten verwendete Werkstoffe. Im Falle einer harmonisierten grundlegenden Norm für Werkstoffe beschränkt sich die Vermutung der Konformität mit den grundlegenden Sicherheitsanforderungen auf die technischen Daten der in der Norm genannten Werkstoffe und sagt nichts über die Eignung dieser Werkstoffe für ein bestimmtes Gerät aus. Die in der Werkstoffnorm angegebenen technischen Daten müssen daher den Konstruktionsanforderungen dieses spezifischen Geräts gegenübergestellt werden, um festzustellen, ob die grundlegenden Sicherheitsanforderungen der Druckgeräterichtlinie erfüllt sind.

ENO ([1])	Bezugsnummer und Titel der Norm (und Bezugsdokument)	Erste Veröffentlichung ABl.	Referenz der ersetzten Norm	Datum der Beendigung der Annahme der Konformitätsvermutung für die ersetzte Norm Anmerkung 1
(1)	(2)	(3)	(4)	(5)
CEN	EN 3-8:2006 Tragbare Feuerlöscher — Teil 8: Zusätzliche Anforderungen zu EN 3-7 an die konstruktive Ausführung, Druckfestigkeit, mechanische Prüfungen für tragbare Feuerlöscher mit einem maximal zulässigen Druck kleiner gleich 30 bar	12.8.2016		
	EN 3-8:2006/AC:2007	12.8.2016		
CEN	EN 19:2016 Industriearmaturen — Kennzeichnung von Armaturen aus Metall	12.8.2016		
CEN	EN 267:2009+A1:2011 Automatische Brenner mit Gebläse für flüssige Brennstoffe	12.8.2016		

Abb. 10.1 Ausschnitt aus dem europäischen Amtsblatt mit der Mitteilung über harmonisierte europäische Normen zur Druckgeräterichtlinie 2014/68/EU; es handelt sich um die erste Veröffentlichung zur DGRL in der Fassung von 2014

11 Deutsche Normen und Richtlinien

Für nationale technische Normen gibt es historisch bedingt eine Reihe von Organisationen, die Normen oder Richtlinien erlassen.

Im Maschinenbaubereich haben wir das Deutsche Institut für Normung (DIN), den Verein Deutscher Ingenieure (VDI), den Arbeitskreis Druckgeräte (AD) und den Verband der Maschinen- und Anlagenbauer (VDMA). Im elektrotechnischen Bereich haben wir nur den Verband der Elektrotechnik Elektronik Informationstechnik (VDE) und die Deutsche Kommission Elektrotechnik Elektronik Informationstechnik (DKE).

Die Regelwerke DIN, AD, VDE und größtenteils VDI können als allgemein anerkannte Regeln der Technik angesehen werden. Die Einheitsblätter des VDMA sind oft keine eigenständigen technischen Regeln, sondern listen in den meisten Fällen aaRdT für bestimmte Maschinen oder Anlagenbereiche auf oder geben deren Inhalt wieder. Sie sind in jedem Fall eine wertvolle Erkenntnisquelle. Die Standards des DKE werden als DIN-, DIN VDE-Normen oder VDE-Vorschriften veröffentlicht.

Zahlreiche Regeln basieren inzwischen auf den internationalen Normen. Die DIN VDE und VDE-Vorschriften sind inhaltlich zu über 90 % identisch mit den IEC-Vorschriften. Aber eine andere Sortierung und gelegentliche nationale Abweichungen lassen ein eigenständiges Regelwerk immer noch sinnvoll erscheinen; auch wenn von Jahr zu Jahr mehr Vorschriften deckungsgleich zu den internationalen Vorschriften werden. Entsprechendes gilt übrigens für alle Organisationen, die Mitglied im IEC und/oder CENELEC sind. Deshalb muss bei grenzüberschreitenden Arbeiten und Lieferungen geprüft werden, welche nationalen Abweichungen existieren und für den jeweiligen Fall relevant sind. In den Normentexten sind diese aufgelistet oder kenntlich gemacht.

Teil 4 Betreiben

12 Deutsche Gesetze und Verordnungen

Beim Betrieb von Anlagen müssen wir unterscheiden zwischen privaten und gewerblichen Betreibern. Die gewerblichen Betreiber unterliegen den Bestimmungen des Arbeitsschutzes und damit der Arbeitsstättenverordnung und Betriebssicherheitsverordnung. Beide Gruppen unterliegen aber den Umweltschutzbedingungen und den baurechtlichen Anforderungen. Die Regelungen des Bundesimmissionsschutzgesetzes und seiner Verordnungen wird nur auf industrielle oder gewerbliche Ammoniakanlagen angewendet, da nur diese Füllmengen erreichen, die von diesen Verordnungen reglementiert sind.

Die Rechtsgrundlage der nationalen Verordnungen sind im Wesentlichen das Arbeitsschutzgesetz, das Chemikaliengesetz, das Wasserhaushaltsgesetz und das Bundes-Immissionsschutzgesetz. Die Länderbauordnungen sind Gesetze auf Landesebene. Die Musterbauordnung ist weder Gesetz noch Verordnung. Sie ist aber die einheitliche inhaltliche Grundlage der im Detail unterschiedlichen Länderbauordnungen. Das Bauordnungsrecht ist Ländersache.

Da sich EU-Verordnungen direkt an alle Bürger der Europäischen Union wenden, sind beide Betreibergruppen sowohl von den EU-Verordnungen als auch den zusätzlichen nationalen Verordnungen betroffen.

Tab. 12.1 Von diesen Verordnungen, soweit zutreffend, sind die beiden Betreibergruppen in der Regel betroffen.

	Verordnung	**Gewerbe**	**Privat**
ArbStättV	Arbeitsstättenverordnung	X	
BetrSichV	Betriebssicherheitsverordnung	X	
GefahrstoffV	Gefahrstoffverordnung	X	
ChemKlimaschutzV	Chemikalien Klimaschutz-Verordnung in Ergänzung zur F-Gase-Verordnung (EU)517/2014, der Durchführungsverordnung (EU)2067/2015 usw.	X	X
BImschV	Verordnungen zur Durchführung des Bundes-Immissionsschutzgesetzes	X	
AwSV	Verordnung über Anlagen zum Umgang mit wassergefährdenden Stoffen	X	X
LBO	Länderbauordnung	X	X
M-LAR	Muster Leitungsanlagen-Richtlinie	X	X
NAV	Netzanschlussverordnung	X	X
LMHV	Lebensmittelhygieneverordnung	X	
TLMV	Verordnung über tiefgekühlte Lebensmittel	X	

Gewerbliche Betreiber haben wesentliche Pflichten, noch bevor sie Anlagen als Arbeitsmittel oder als Ausstattung einer Arbeitsstätte bestellen. Die Pflichten können auch nicht einfach so übertragen werden. In jedem Fall ist die Schriftform gefordert. Es handelt sich um Pflichten des Unternehmers, die er zwar delegieren kann, aber er bleibt immer für die sichere Organisation verantwortlich und hat sich in geeigneter Weise zu vergewissern, dass seine organisatorischen Maßnahmen auch funktionieren und die gesetzlichen Schutzziele erreicht werden.

12.1 Klimaschutzverordnungen

Von den Klimaschutzverordnungen sind alle Personen betroffen, die Kältemaschinen und Wärmepumpen mit halogenierten Kältemitteln betreiben. Hierbei wird nicht zwischen gewerblicher und privater Nutzung unterschieden.

Bei den halogenierten Kältemitteln muss unterschieden werden zwischen chlorierten und fluorierten Kältemitteln.

Chlorierte Kältemittel sollten in keiner Anlage mehr vorhanden sein, da auch die teilchlorierten Kältemittel seit 2014 nicht mehr in Verkehr gebracht werden dürfen und damit nicht mehr vollständig instandgehalten werden können. Die Anlagen könnten aber noch weiterbetrieben werden, solange ihre Dichtheit nachgewiesen ist und die Prüfintervalle eingehalten werden. Ein Schaden an den Geräten hat aber die sofortige Stillsetzung oder Kältemittelumstellung zur Folge.

Wir beschränken uns daher auf die Chemikalien-Klimaschutzverordnung. Diese Verordnung gilt in Ergänzung der europäischen F-Gase-Verordnung und ihrer Durchführungsverordnungen. In Art. 3 der Verordnung 517/2014/EU ist festgelegt, dass Betreiber einer Anlage alle technisch und wirtschaftlich durchführbaren Maßnahmen ergreifen, um die Freisetzung von fluorierten Kältemitteln zu verhindern und im Leckagefall die austretenden Mengen auf ein Minimum zu beschränken.

Die Chemikalien-Klimaschutzverordnung gibt hier klare Grenzwerte an, s. Tabelle 12.2.

Der Betreiber muss den Zugang zu lösbaren Verbindungen sicherstellen. Es gibt nur zwei lösbare Verbindungsarten, die das technische Regelwerk zulässt: Bördelverbindung, Feder-Nut-Flanschverbindung.

Die Verordnungen zum Klimaschutz verlangen regelmäßige Dichtheitsprüfungen (Art. 4 517/2014/EU, §3 ChemKlimaschutzV). Über die Dichtheitsprüfung muss Protokoll geführt werden. Diese Protokolle müssen mindestens fünf Jahre aufbewahrt werden (Art. 6 517/2014/EU, §3 ChemKlimaschutzV). Die Protokolle müssen sowohl vom Betreiber als auch dem durchführenden Unternehmen aufbewahrt werden. Die Inhalte der Protokolle sind vorgeschrieben und werden in Kapitel 14.2 beschrieben.

Tab. 12.2 Maximal zulässiger Kältemittelverlust für stationäre/ortsfeste Anlagen nach der ChemKlimaschutzV 2017-02-14

Füll-menge kg	Datum der Errichtung	maximal zulässiger Kältemittelverlust % pro Jahr	Grenzwerte entsprechen einem Kältemittelverlust g /a
≥ 3	Kältesatz (fabrikmäßig komplett hergestellt)	1	≥ 30
< 10	nach dem 30. Juni 2008	3	< 300
	nach dem 30. Juni 2005 bis zum 30. Juni 2008	6	< 600
	bis zum 30 Juni 2005	8	< 800
≥ 10 bis ≤ 100	nach dem 30. Juni 2008	2	≥ 200 bis ≤ 2000
	nach dem 30. Juni 2005 bis zum 30. Juni 2008	4	≥ 400 bis ≤ 4000
	bis zum 30 Juni 2005	6	≥ 600 bis ≤ 6000
> 100	nach dem 30. Juni 2008	1	> 1000
	nach dem 30. Juni 2005 bis zum 30. Juni 2008	2	> 2000
	bis zum 30 Juni 2005	4	> 4000

Außerdem ist vorgeschrieben, dass nur zertifizierte Personen und Unternehmen folgende Tätigkeiten durchführen dürfen (Art. 10 517/2014/EU, §5 u. 6 ChemKlimaschutzV):

- Installation, Instandhaltung, Reparatur und Stilllegung von Einrichtungen, die fluorierte Treibhausgase in einer Menge von 5 Tonnen CO_2-Äquivalent enthalten oder mehr:
  - ortsfeste Kälteanlagen, Raumklimaanlagen und Wärmepumpen
  - Kühllastfahrzeuge und -anhänger
  - ortsfeste Brandschutzeinrichtungen
  - elektrische Schaltanlagen
- Dichtheitskontrollen
- Rückgewinnung von Kältemittel aus Kältemittelkreisläufen von ortsfesten Kälteanlagen, Raumklimaanlagen und Wärmepumpen
- Rückgewinnung von Kältemittel aus Kältemittelkreisläufen von Kühllastfahrzeugen und -anhängern

12.1.1 Das CO_2-Äquivalent

Seit der letzten Änderung der F-Gase-Verordnung beziehen sich eine Reihe von Festlegungen nicht mehr auf die Kältemittelfüllmenge in Kilogramm, sondern auf eine Kältemittfüllmenge, die einem bestimmten CO_2-Äquivalent entspricht. Es wird also das globale Klimaerwärmungspotential des Kältemittels bezogen auf Kohlendioxid direkt verwendet.

Alle Füllmengen müssen über den gesetzlich festgelegten GWP-Wert eines Kältemittels in das CO_2-Äquivalent umgerechnet werden. Es muss deshalb in den Anlagenbüchern das jeweils gültige CO_2-Äquivalent eingetragen werden. Die GWP-Werte der fluorierten Gase werden alle paar Jahre von den internationalen Gremien neu bewertet und gegebenenfalls angepasst. Derzeit richten sich die gesetzlichen Werte nach dem vierten Sachstandsbericht des „Intergovernmental Panel on Climate Change, IPCC" der Vereinten Nationen. Eine Liste kann beispielweise auf der Internetseite des Umweltbundesamtes UBA heruntergeladen werden.

Der GWP-Wert gibt an, wie viel Kilogramm Kohlendioxid einem Kilogramm fluorierten Gas entspricht.

Beispiel: CO_2-Äquivalent des Kältemittels R134a

alter GWP-Wert:	1.300
bisheriges CO_2-Äquivalent:	3 kg Kältemittel R134a $\triangleq 3 \times 1.300$ kg CO_2 $= 3.900$ kg CO_2
aktueller GWP-Wert:	1.430
aktuelles CO_2-Äquivalent:	3 kg Kältemittel R134a $\triangleq 3 \times 1.430$ kg CO_2 $= 4.290$ kg CO_2

12.1.2 Personalzertifizierung

Für das Personal gibt es vier Kategorien. In Abhängigkeit vom CO_2-Äquivalent der Kältemittelfüllmenge dürfen die zertifizierten Personen nur bestimmte Tätigkeiten ausüben.

Der Betreiber trägt letzten Endes die Verantwortung dafür, dass ausschließlich das richtige zertifizierte Personal an seinen Anlagen eingesetzt wird. Es dürfen auch nur zertifizierte Unternehmen beauftragt werden. Er muss daher seine Auftragsvergabe so gestalten, dass beide Punkte sichergestellt sind. Der Betreiber kann sich die Unternehmenszertifizierung und ggf. auch die Personenzertifizierung zeigen oder als Kopie aushändigen lassen.

Tab. 12.3 Zuordnung der erlaubten Tätigkeiten nach Verordnung EU 2015/2067

Kategorie	Tätigkeit				
	Dichtheitskontrolle **Art. 2 Abs. 1 a)***	**Rückgewinnung** **Art. 2 Abs. 1 b)**	**Installation** **Art. 2 Abs. 1 c)**	**Instandhaltung** **Art. 2 Abs. 1 d)**	**Stilllegung** **Art. 2 Abs. 1 e)**
I	ohne Einschränkung				
II	ohne Eingriff in den Kältemittelkreislauf	< 3 kg < 6 kg in hermetisch geschlossenen Anlagen			
III	nein	< 3 kg < 6 kg in hermetisch geschlossenen Anlagen		nein	
IV	ohne Eingriff in den Kältemittelkreislauf	nein			

* ≥ 5 t CO_2-Äquivalent ≥ 10 t CO_2-Äquivalent in hermetisch geschlossenen Anlagen

12.1.3 Das Maschinenbuch oder Logbuch

Der Betreiber muss für jede Maschine ein „Buch“ führen, in dem alle wichtigen technischen Daten und alle Instandhaltungs- und Instandsetzungsmaßnahmen eingetragen sind. Das Führen einen solchen Buchs wird in drei Verordnungen gefordert: ArbStättV, BetrSichV und ChemKlimaschutzV.

Die ChemKlimaschutzV stellt hierbei Anforderungen an die Mindestangaben:

- Eindeutige Bezeichnung der Maschine/Anlage
- Hersteller / Errichter der Anlage
- Betreiber der Anlage
- Verwendetes Kältemittel
- Füllmenge der Anlage
- CO_2-Äquivalent der Anlage
- Zertifikatsnummer des Errichters (ChemKlimaschutzV)
- Zertifikatsnummer des Monteurs, der die Anlage gefüllt hat
- Turnus der Dichtheitsprüfungen

12.2 Die Arbeitsstättenverordnung

Zum Einrichten von Arbeitsstätten gehört auch die Ausstattung mit Maschinen oder Lüftungseinrichtungen. Das Betreiben einer Arbeitsstätte besteht sowohl aus der Benutzung als auch aus der Instandhaltung. In §3 ist die Erstellung einer Gefährdungsbeurteilung vorgeschrieben. Die Beurteilung betrifft alle möglichen Gefährdungen, die während der Einrichtung und des Betriebs auftreten könnten. Insofern spielt es keine Rolle, ob eine Kältemaschine oder Wärmepumpe nur der ArbStättV oder der BetrSichV unterliegt. Eine Gefährdungsbeurteilung muss grundsätzlich vor Aufnahme einer Tätigkeit an der Maschine durchgeführt werden.

12.3 Betriebssicherheitsverordnung

Die Verordnung soll die Sicherheit und Gesundheitsschutz von Beschäftigten gewährleisten, wenn sie Arbeitsmittel verwenden. Außerdem soll der Schutz von Personen im Gefahrenbereich überwachungspflichtiger Anlagen sichergestellt werden.

Als Arbeitsmittel gelten alle Werkzeuge, Geräte, Maschinen oder Anlagen, die für die Arbeit verwendet werden oder überwachungsbedürftige Anlagen.

Arbeitsmittel dürfen erst verwendet werden, wenn der Arbeitgeber eine Gefährdungsbeurteilung durchgeführt hat, wenn die in der Beurteilung ermittelten Maßnahmen getroffen wurden und festgestellt wurde, dass die Verwendung des Arbeitsmittels nach dem Stand der Technik sicher ist.

Da der Aufstellort bei der Gefährdungsbeurteilung eine wesentliche Rolle spielt, muss die Gefährdungsbeurteilung der Arbeitsmittel unbedingt vor Auftragserteilung – im Falle von Ausschreibungen noch vor der Ausschreibung – begonnen werden. Dies gilt insbesondere für überwachungspflichtige Anlagen. Viele Kältemaschinen und Wärmepumpen sind überwachungsbedürftige Anlagen nach BetrSichV, s. Kapitel 12.4.1.

Für die überwachungsbedürftigen Anlagen sind Prüfungen, Wiederholungsprüfungen und Dokumentationspflichten festgelegt. Die Fristen für die Wiederholungsprüfung legt zwar der Betreiber im Rahmen seiner Gefährdungsbeurteilung fest. Aber es dürfen keine Fristen gewählt werden, die länger sind, als in der Verordnung vorgeschrieben.

Arbeitsmittel, für die entweder in §14 BetrSichV oder im Abschnitt 3 BetrSichV Prüfungen vorgeschrieben sind, dürfen erst verwendet werden, wenn diese Prüfung auch tatsächlich erfolgt und dokumentiert ist (§4 (4) BetrSichV). Prüfungen nach §14 sind beispielsweise für alle Kältemaschinen und Wärmepumpen vorgeschrieben, die brennbare Kältemittel enthalten und trotzdem nicht zu den überwachungsbedürftigen Anlagen zählen (Druckgeräte nach Artikel 4 Absatz 3).

Aufgrund der umfassenden Dokumentationspflichten nach BetrSichV muss für jede Kältemaschine oder Wärmepumpe ein Anlagenlogbuch bzw. Maschinenbuch vom Betreiber geführt werden, auch wenn keine fluorierten Kältemittel eingesetzt werden.

Der Betreiber ist auch für die Arbeitssicherheit von Fremdfirmen mitverantwortlich, die mit Arbeiten auf seinem Betriebsgelände beauftragt sind. Der Betreiber muss in seinen Gefährdungsbeurteilungen auch ermitteln, ob es besondere Umstände gibt, die er bei Beauftragung von Fremdfirmen mitteilen muss. Er ist auch für die Koordinierung der Schutzmaßnahmen mehrerer Fremdfirmen verantwortlich, wenn sich Schutzmaßnahmen oder Arbeiten gegenseitig beeinflussen. Umgekehrt sind die Fremdfirmen verpflichtet, den Auftraggeber zu informieren, wenn sich aus ihrem Aufgabenbereich Gefährdungen für andere ergeben können.

Besondere Umstände sind beispielsweise die teilweise Aufstellung der Anlage auf dem Dach eines Gebäudes. Der Verflüssiger, Rückkühler oder Kühltürme sind häufig auf Dächern montiert. Der Betreiber legt fest, ob eine Absturzsicherung notwendig ist und wie diese realisiert wird.

Der Betreiber muss also bei Auftragsvergabe von Wartung oder Instandsetzung mitteilen, welche Schutzausrüstung benötigt wird und wo benötigte Anschlagpunkte vorhanden sind.

Dieser Teil der Gefährdungsbeurteilung kann nur vom Betreiber durchgeführt werden, da keine Fremdfirma die genauen Verhältnisse auf dem Dach so gut kennen kann wie der Betreiber.

Brennbare Kältemittel führen ebenfalls zu solchen besonderen Umständen. Im normalen Betrieb ist die Maschine technisch gesehen dicht, d. h., es findet keine Zonierung nach den ATEX-Vorschriften statt.

Aber die Instandhaltung stellt einen besonderen Betriebszustand dar, für den eine entsprechende Gefährdungsbeurteilung angefertigt und die daraus resultierenden Schutzmaßnahmen ergriffen werden müssen. Auch diese Umstände hängen sehr stark von den örtlichen Gegebenheiten ab, die eben nur der Betreiber wirklich gut kennt. Eine Maßnahme könnte zum Beispiel die Einrichtung einer Explosionsschutzzone für die Dauer der Instandhaltung sein. Die ausführende Firma muss hierüber informiert werden. Sie muss auch wissen, ob der Betreiber die hierfür benötigte Ausstattung zur Verfügung stellt.

12.3.1 Überwachungsbedürftige Anlagen

Als überwachungsbedürftige Anlagen gelten alle Anlagen, die in §2 Nr. 30 des Produktsicherheitsgesetzes (ProdSG) definiert und in Anhang 2 der BetrSichV aufgeführt sind. Hierzu zählen Druckbehälteranlagen, d. h. Anlagen, die Druckgeräte enthalten, und Rohrleitungen mit einem inneren Überdruck für brennbare, ätzende und giftige Gase, Dämpfe oder Flüssigkeiten. Damit sind zunächst alle Kältemaschinen und Wärmepumpen Kandidaten für überwachungsbedürftige Anlagen.

In Anhang 2 der BetrSichV wird allerdings im Abschnitt 4 „Druckanlagen" folgende Einschränkung gemacht: Die Druckanlagen müssen selbst Druckgeräte sein oder Druckgeräte enthalten, die der Kategorie I bis IV nach Druckgeräterichtlinie 2014/68/EU angehören.

Raumklimageräte, die als Monosplitklimagerät oder Multisplitklimagerät mit bis zu fünf (sieben) Innengeräten angeboten werden, müssen von einem Fachbetrieb montiert werden und erhalten als fertige Baugruppe eine Konformitätserklärung des Fachbetriebs, in der auch die Druckgerätekategorie genannt ist.
Die Innengeräte sind lamellierte Rohrwärmetauscher und gelten daher als Rohrleitung. Entsprechendes gilt für die Wärmeübertrager der Außengeräte. Aufgrund der geringen Durchmesser (DN <32 mm) und der Fluidgruppe 2 (Kältemittel R410A) sind die Rohrleitungen Druckgeräte nach Artikel 4 Absatz 3.
Die Außengeräte enthalten in der Regel keinen Sammler und sind daher ebenfalls Druckgeräte nach Artikel 4 Absatz 3 (vgl. Einbauerklärung des Herstellers). Bei einem zulässigen Betriebsdruck $PS = 42$ bar müsste ein Sammler mehr als 1,19 dm^3 Innenvolumen haben, um Kategorie I zu sein.
Die gesamte Anlage ist also in aller Regel ein Druckgerät nach Artikel 4 Absatz 3 und erhält daher vom errichtenden Betrieb eine Konformitätserklärung nach Maschinenrichtlinie 2006/42/EG und Niederspannungsrichtlinie 2014/35/EU.
Diese Anlage gehört **nicht** zu den überwachungsbedürftigen Anlagen!

Alle Mess-, Steuer- und Regeleinrichtungen, die im Zusammenhang mit einer überwachungsbedürftigen Anlage stehen, sind selbst überwachungsbedürftige Anlagen und unterliegen daher strengeren Prüfbedingungen bzw. Protokollpflichten.

12.3.2 Gefährdungsbeurteilung

Arbeitgeber müssen vor der Anschaffung von Arbeitsmitteln grundsätzlich eine Gefährdungsbeurteilung erstellen, entsprechendes gilt, wenn Sie die Arbeitsstätten mit technischen Anlagen ausstatten. Die Vorgehensweise entspricht im Wesentlichen der Vorgehensweise der Risikoanalyse. Da die Konformitätserklärung und das ggf. angebrachte CE-Zeichen eigentlich Instrumente der Marktüberwachung sind, entbinden sie nicht von der Anfertigung einer Gefährdungsbeurteilung. Es sind grundsätzlich alle Gefährdungen zu berücksichtigen, die vom Arbeitsmittel selbst, von der Umgebung oder den Arbeitsgegenständen ausgehen.

Die Betriebssicherheitsverordnung kennt auch die vereinfachte Vorgehensweise (§7 BetrSichV). Diese vereinfachte Vorgehensweise darf aber nicht auf überwachungsbedürftige Anlagen angewendet werden, d. h. auf Kältemaschinen und Wärmepumpen der Druckgerätekategorie I bis IV.

Die Gefährdungsbeurteilungen müssen folgende Lebensphasen und Betriebszustände betrachten:

- Errichtung (Montage und Installation)
- Prüfungen vor Inbetriebnahme
- Betrieb
  - normaler Zustand
  - Fehlerzustand
  - Vorhersehbarer Fehlgebrauch
- Instandhaltung
  - Inspektion
  - Wartung
  - Instandsetzung
- Stilllegen / Außerbetriebnahme
- Entsorgung

Die Gefährdungsbeurteilung für die ersten drei Punkte muss noch vor der Auftragsvergabe begonnen werden. Die Beurteilung für die letzten drei Punkte muss anhand der Herstellerunterlagen spätestens nach der Inbetriebnahme erfolgen.

Die Gefährdungsbeurteilungen müssen regelmäßig überprüft werden, da sich zum Beispiel die gesetzlichen Regelungen während des Betriebs ändern. Auch die Umgebungsbedingungen können sich mit der Zeit verändert haben. Ganz besonders wichtig sind Überprüfungen aus gegebenem Anlass, z. B. einem Unfall oder einer Beschädigung der Maschine.

Beispiel: Normalkühlraum mit dem Kältemittel R134a (gekürzte Darstellung!)

Der Normalkühlraum soll mit einer Kältemaschine gekühlt werden, die aus einem Verflüssigungssatz, einem Verdampfer und den Kältemittelrohrleitungen besteht. Der Kühlraum steht oberirdisch und der Verflüssigungssatz soll unmittelbar hinter dem Kühlraum außen aufgestellt werden.

Die Gefährdungsbeurteilung beginnt mit der Errichtung der Anlage:

Die Komponenten müssen angeliefert und aufgestellt werden.

Der Verdampfer wird unter die Decke des Kühlraums gehängt, d. h., man benötigt Hilfsmittel zum Anheben.

Es bestehen Restrisiken für Quetsch und Schnittverletzungen. Die Monteure müssen daher über die erforderlichen Schutzhandschuhe und Arbeitskleidung verfügen.

Das Ablängen erfolgt mit Rohrschneidern. Es bestehen geringe Restgefahren für Schnittverletzungen an Metallgraten. Es müssen Arbeitshandschuhe getragen werden und die Rohre müssen entgratet werden.

Die Rohrleitungen werden hartgelötet. Es besteht Brandgefahr. Der Monteur kann sich und anderen Verbrennungen zufügen.

Es wird ein Feuerlöscher in Reichweite benötigt. Der Hartlöter ist zertifiziert und kann die Situation daher korrekt einschätzen, um Arbeitsunfälle zu vermeiden. Zudem verfügt der Monteur eines Fachbetriebs über die notwendige Schutzausrüstung.

Der Betrieb im Normalzustand birgt keine Risiken, da diese konstruktiv ausgeschlossen sind:

Es gibt aber noch Restgefahren. Eine Auflistung der Restgefahren, die bei Kältemaschinen und Wärmepumpen vorhanden sind, findet sich in DIN EN 378-2:

Es bestehen außerdem Risiken für den Betrieb im Fehlerfall und bei der Instandhaltung:

Fast alle Kältemittel sind sauerstoffverdrängend und schwerer als Luft. Dies gilt auch für R134a. Es muss deshalb nach Anhang C der DIN EN 378-1 die maximale Füllmenge je Kreislauf festgelegt werden. Dies geschieht anhand der Sicherheitsgruppe, der Klasse des Aufstellungsorts (Tabelle C.1) und des praktischen Grenzwertes nach Anhang E der DIN EN 378-1 und dem kleinsten Raumvolumen, in das sich die gesamte Füllmenge im Fehlerfall entleeren könnte.

- Praktischer Grenzwert R134a: 0,25 kg m^{-3}
- Sicherheitsgruppe: A1
- Aufstellbereich: Klasse a (allgemeiner Bereich):

  Der Verflüssigungssatz ist außen aufgestellt. Die Füllmenge richtet sich unter Anwendung der EN 378-1 nur nach dem kleinsten frei zugänglichen Raumvolumen. Wenn der Kühlraum ein Volumen von 32 m^3 hat, darf die Maschine eine Füllmenge von 8 kg Kältemittel haben.

- Aufstellbereich Klasse b (überwachter Bereich):

  Der Verflüssigungssatz ist außen aufgestellt. Es gibt deshalb keine Einschränkung der Füllmenge.
- Aufstellbereich Klasse c (Zugang nur für befugte Personen):

  Der Verflüssigungssatz ist außen aufgestellt. Es gibt deshalb keine Einschränkung der Füllmenge.

  Austretendes flüssiges Kältemittel führt außerdem zu schweren Kälteverbrennungen, wenn es ungeschützte Haut oder gar die Augen trifft. Beim Umgang mit dem Kältemittel ist daher die vorgeschriebene PSA zu tragen. Das Minimum sind kältemitteldichte Arbeitshandschuhe und Augenschutzbrillen mit seitlichem Spritzschutz.

In dieser oder ähnlicher Form wird weiterverfahren, bis man sicher ist, alle Gefährdungen, die am vorgesehenen Aufstellort auftreten können, erfasst und bewertet zu haben. Viele bevorzugen hier auch eine tabellarische Form, die gleich das Bewertungsschema über die Höhe des Risikos wiedergibt. Die tabellarische Form hat auch den Vorteil, dass sie eine Spalte für noch durchzuführende Maßnahmen und Überprüfungszeitpunkte enthalten kann. Die Tabelle ist die übersichtlichste Darstellungsform.

12.4 Wasserhaushaltsgesetz

Dieses Gesetz soll Grundwasser, Küstengewässer und oberirdische Gewässer schützen und als Bestandteil der Natur, als menschliche Lebensgrundlage, als Lebensraum von Tieren und Pflanzen und als nutzbares Gut erhalten.

Hierzu ist jede Person verpflichtet, eine nachteilige Veränderung der Gewässereigenschaft zu vermeiden. Die Benutzung eines Gewässers bedarf der Erlaubnis (§8 WHG). Es sei denn, das WHG oder die Vorschriften, die auf dem WHG beruhen, bestimmen etwas Anderes. Eine Benutzung (§9 WHG) im Sinne des Gesetzes ist u. a.:

- Das Einbringen und Einleiten von Stoffen

  Im Falle einer Undichtheit könnten Kältemaschinenöl, wasserlösliche Kältemittel oder entsprechende Bestandteile in Oberflächenwasser oder durch das Erdreich ins Grundwasser eingebracht werden.
- Das Entnehmen, Zutagefördern, Zutageleiten und Ableiten von Grundwasser

  Grundwasser dient z. B. als Wärmereservoir für Wärmepumpen und wird zunächst zu Tage gefördert und anschließend wieder in Schluckbrunnen abgeleitet.
- Maßnahmen, durch die nachteilige Veränderungen der Gewässerbeschaffenheit dauernd oder in nicht nur unerheblichen Masse herbeigeführt werden.

Nach §23 WHG darf die Bundesregierung Rechtsverordnungen erlassen, z. B. zum Umgang mit wassergefährdenden Stoffen. Diese Rechtsverordnungen sind:

In §32 und 36 WHG ist festgelegt, dass durch die Rohrleitungen der Maschinen keine nachteilige Veränderung von oberirdischen Gewässern besorgt werden darf. Ganz gleich ob diese Leitungen in, an, über oder unter einem Gewässer verlaufen. Diese Vorschrift gilt für alle Lebensphasen der Maschinen. Entsprechendes findet sich in §48 WHG für das Grundwasser.

Alle Kältemaschinenöle, alle derzeit eingesetzten Frostschutzmittel und auch einige Kältemittel sind wassergefährdende Stoffe. Die gesetzlichen Anforderungen zum Umgang mit diesen Stoffen befinden sich im §62 WHG.

§ 62 Anforderungen an den Umgang mit wassergefährdenden Stoffen

(1) Anlagen zum Lagern, [...] sowie *Anlagen zum Verwenden wassergefährdender Stoffe* im Bereich der gewerblichen Wirtschaft und im Bereich öffentlicher Einrichtungen müssen so beschaffen sein und so errichtet, unterhalten, betrieben und stillgelegt werden, dass eine nachteilige Veränderung der Eigenschaften von Gewässern nicht zu besorgen ist. *Das Gleiche gilt für Rohrleitungsanlagen*, die

1. den Bereich eines Werksgeländes nicht überschreiten,
2. Zubehör einer Anlage zum Umgang mit wassergefährdenden Stoffen sind oder
3. Anlagen verbinden, die in engem räumlichen und betrieblichen Zusammenhang miteinander stehen.

[...]

(2) Anlagen im Sinne des Absatzes 1 *dürfen nur entsprechend den allgemein anerkannten Regeln der Technik beschaffen sein sowie errichtet, unterhalten, betrieben und stillgelegt werden.*

(3) *Wassergefährdende Stoffe* im Sinne dieses Abschnitts sind *feste, flüssige und gasförmige Stoffe*, die geeignet sind, dauernd oder in einem nicht nur unerheblichen Ausmaß nachteilige Veränderungen der Wasserbeschaffenheit herbeizuführen.

(4) *Durch Rechtsverordnung* nach § 23 Absatz 1 Nummer 5 bis 11 können nähere Regelungen erlassen werden über

1. die Bestimmung der wassergefährdenden Stoffe und ihre Einstufung entsprechend ihrer Gefährlichkeit, über eine hierbei erforderliche Mitwirkung des Umweltbundesamtes und anderer Stellen sowie über Mitwirkungspflichten von Anlagenbetreibern im Zusammenhang mit der Einstufung von Stoffen,
2. die Einsetzung einer Kommission zur Beratung des Bundesministeriums für Umwelt, Naturschutz, Bau und Reaktorsicherheit in Fragen der Stoffeinstufung einschließlich hiermit zusammenhängender organisatorischer Fragen,

3. Anforderungen an die Beschaffenheit und Lage von Anlagen nach Absatz 1,
4. technische Regeln, die den allgemein anerkannten Regeln der Technik entsprechen,
5. Pflichten bei der Planung, der Errichtung, dem Betrieb, dem Befüllen, dem Entleeren, der Instandhaltung, der Instandsetzung, der Überwachung, der Überprüfung, der Reinigung, der Stilllegung und der Änderung von Anlagen nach Absatz 1 sowie Pflichten beim Austreten wassergefährdender Stoffe aus derartigen Anlagen; in der Rechtsverordnung kann *die Durchführung bestimmter Tätigkeiten* Sachverständigen *oder Fachbetrieben vorbehalten werden,*
6. [...]
7. Anforderungen [...] an Fachbetriebe und Güte- und Überwachungsgemeinschaften.

(5) Weitergehende landesrechtliche Vorschriften für besonders schutzbedürftige Gebiete bleiben unberührt.

(6) Die §§ 62 und 63 gelten nicht für Anlagen im Sinne des Absatzes 1 zum Umgang mit

1. Abwasser,
2. Stoffen, die hinsichtlich der Radioaktivität die Freigrenzen des Strahlenschutzrechts überschreiten.

(7) [...]

Eine Rechtsverordnung nach §23 WHG ist die aktuelle Verordnung über Anlagen zum Umgang mit wassergefährdenden Stoffen (AwSV). Nach den Begriffsbestimmungen gilt diese Verordnung für selbstständige, ortsfeste und ortsfest betriebene Anlagen, d. h., die Anlage oder Anlagenteile werden mindestens sechs Monate am selben Standort betrieben. Damit gilt die Verordnung auch für Anlagen, die an sich ortsveränderlich sind, aber nicht an neue Standorte verbracht werden, z. B. Mietanlagen.

Grundsätzlich ist der Betreiber verpflichtet, eine Einstufung der Stoffe selbst vorzunehmen. Diese Verpflichtung gilt nicht, wenn der Stoff bereits durch gesetzliche Bestimmungen eingestuft wurde. Erfolgte die Einstufung durch den Hersteller (europäisches Sicherheitsdatenblatt), kann der Betreiber diese Einstufung übernehmen. Es sei denn, er ist davon überzeugt, dass diese Einstufung unzutreffend ist, dann kann er dem Umweltbundesamt eine andere Einstufung vorschlagen (u. a. §4 AwSV).

In §15 AwSV wird präzisiert, was unter aaRdT nach §62 WHG zu verstehen ist:

- Technische Regeln der Deutschen Vereinigung für Wasserwirtschaft, Abwasser und Abfall e. V. (DWA)
- Technische Regeln der Musterliste über technische Baubestimmungen des Deutschen Instituts für Bautechnik (DIBt)

- DIN-Normen und EN-Normen, soweit sie den Gewässerschutz betreffen und nicht in der Liste des DIBt verzeichnet sind.
- Normen und sonstige Bestimmungen anderer EU-Mitgliedstaaten, sofern sie geeignet sind, das gleiche Schutzniveau zu erreichen.

Anlagen müssen ausgetretene wassergefährdende Stoffe zurückhalten (§18 AwSV). Die Rückhalteeinrichtung darf keinen Abfluss haben, es sei denn, es kann Niederschlagswasser eintreten, dann dürfen Überläufe vorhanden sein. Diese Abläufe dürfen aber nur dann öffnen, wenn festgestellt wurde, dass keine Verunreinigung aufgetreten ist. Das Rückhaltevolumen ist entsprechend groß zu wählen. Zur Rückhaltung gibt es Ausnahmen, die Kälteanlagen und Wärmepumpen betreffen; aber die Beurteilung, welche Ausnahme tatsächlich greift, ist sehr komplex. Dies hängt damit zusammen, dass Kältemaschinen und Wärmepumpen stets ein Gemisch aus Betriebsstoffen enthalten, die unterschiedlichen Wassergefährdungsklassen (WGK) angehören.

Der Betreiber muss seine Maschinen einer Gefährdungsstufe zuordnen. Hierbei sind das Anlagenvolumen und die Füllmengen ausschlaggebend.

Tab. 12.4 Ermittlung der Gefährdungsstufen

<table>
<tr><th rowspan="2">WGK</th><th colspan="6">Volumen in m^3 oder Masse in t</th></tr>
<tr><th>$\leq 0{,}22\ m^3$ od. 0,2 t</th><th>$> 0{,}22\ m^3$ od. $0{,}2\ t \leq 1$</th><th>$> 1 \leq 10$</th><th>$> 10 \leq 100$</th><th>> 100 ≤ 1000</th><th>>1000</th></tr>
<tr><td>1</td><td colspan="4">Stufe A</td><td>Stufe B</td><td>Stufe C</td></tr>
<tr><td>2</td><td colspan="2">Stufe A</td><td>Stufe B</td><td>Stufe C</td><td colspan="2">Stufe D</td></tr>
<tr><td>3</td><td>Stufe A</td><td>Stufe B</td><td>Stufe C</td><td colspan="3">Stufe D</td></tr>
</table>

Beispiel: Kaltwassersatz mit dem Kältemittel R717 (NH_3)

Anlagentyp: GEA Grasso FX PP 550

Länge × Breite × Höhe — 4.000 × 2.200 × 2.450 mm

Anlagenvolumen — nicht angegeben m^3 HD-Seite
nicht angegeben m^3 ND-Seite

Masse — 5.000 kg leer
5.300 kg im Betrieb

Füllmenge — 90 dm^3 Öl
75 kg Kältemittel

Wassergefährdungsklassen — WGK 3 Kältemittelmaschinenöl
WGK 2 Kältemittel Ammoniak

Wassergefährdungsstufe nach Tabelle 12.4: — Stufe A für das Kältemaschinenöl
Stufe A für das Kältemittel

Da beide Betriebsstoffe dieselbe Gefährdungsstufe darstellen, spielt es keine Rolle, ob die Betriebsstoffe für sich oder als Gemisch auftreten. Der Kaltwassersatz ist definitiv Gefährdungsstufe A.

Bei Stoffen der Wassergefährdungsklasse 1 gibt es eine Ausnahme: bis 1.000 dm^3 Füllmenge darf auf ein Rückhaltesystem verzichtet werden, wenn die Fläche für Flüssigkeiten undurchlässig ist oder wenn die Leckage erkannt wird. Dies betrifft praktisch alle Kältesolen, da die üblichen Frostschutzmittel in die WGK 1 eingestuft sind.

Wenn Kaltwassersätze im Freien aufgestellt sind und das Frostschutzmittel Ethylenglykol oder Propylenglykol ist, müssen die Aufstellflächen über einen Schmutzwasser- oder Mischwasserkanal entwässert werden. Aber hierbei sind die örtlichen Bedingungen zur Einleitung der Sole in das Abwassersystem zu beachten.

Leider sind die Kältemaschinenöle in aller Regel WGK 2 oder WGK 3, sodass unter den Maschinen für den Leckagefall eine Rückhaltung vorgesehen werden muss, da für die Öle keine Ausnahmeregelung vorhanden ist.

Rohrleitungen von Kühlanalgen, die ein Gemisch aus Wasser und Glykol enthalten, benötigen keine Rückhaltevorrichtung. Kältemaschinen mit dem Kältemittel R717 (Ammoniak) müssen – auch bei unterirdischer Montage – keine doppelwandigen Rohre haben.

12.5 Bauordnung

Zwar enthalten auch die technischen Normen Angaben zur Leitungsführung und Zugänglichkeit der Anlagen und ihrer Komponenten, aber rechtlich verbindlich sind nur die eingeführten Technischen Baubestimmungen gemäß §3 der MBO. Eine Liste dieser Bestimmungen und welches Bundesland sie wann eingeführt hat kann von der Internetseite des Deutschen Instituts für Bautechnik (DIBt) heruntegeladen werden.

Eine der wichtigsten Vorschriften ist die Muster-Leitungsanlagen-Richtlinie MLAR. Hier findet man die brandschutztechnischen Bestimmungen, für deren Anwendung und Einhaltung auch der Betreiber zu sorgen hat. Die MLAR gilt sowohl für elektrische Leitungen als auch für Rohrleitungen.

Danach dürfen in notwendigen Fluren, notwendigen Treppenräumen und in Räumen zwischen Ausgängen und notwendigen Treppenräumen nur dann Leitungen verlegt werden, wenn die umfangreichen Anforderungen der MLAR erfüllt sind. Daneben gibt es aber Erleichterungen insbesondere für einzelne Leitungen.

Zu den Leitungsanlagen gehören Rohrleitungen einschließlich ihrer Armaturen, Messeinrichtungen, Steuer-und Regeleinrichtungen, Sicherheitseinrichtungen, Beschichtungen, Dämmung und Halterungen.

Die Gebäude werden in mehrere Klassen eingeteilt, von denen z. B. der Umfang oder die Anwendbarkeit von Erleichterungen abhängt.

- Gebäudeklasse 1:
  freistehende Gebäude, Höhe maximal 7,0 m (Fußbodenoberkante über Geländehöhe), maximal zwei Nutzungseinheiten mit insgesamt maximal 400 m^2
  freistehende land- oder forstwirtschaftlich genutzte Gebäude
- Gebäudeklasse 2:
  Höhe maximal 7,0 m, maximal zwei Nutzungseinheiten mit insgesamt maximal 400 m^2
- Gebäudeklasse 3:
  sonstige Gebäude mit einer Höhe von maximal 7,0 m
- Gebäudeklasse 4:
  Höhe maximal 13,0 m, Nutzungseinheiten mit jeweils maximal 400 m^2
- Gebäudeklasse 5:
  sonstige Gebäude einschließlich unterirdische Gebäude
- Sonderbauten:
  Hochhäuser, Gastronomie, Versammlungsstätten, Krankenhäuser etc.

Die Leitungsanlagen dürfen die Feuerwiderstandsfähigkeit von Wänden, Decken etc. nicht beeinträchtigen. In Sicherheitstreppenhäusern und in Gängen zwischen Sicherheitstreppenhäusern und Ausgängen ins Freie oder anderen notwendigen Fluren sind Leitungen nur erlaubt, wenn sie entweder der unmittelbaren Versorgung der Räume oder der Brandbekämpfung dienen. Auf Kältemaschinen und Wärmepumpen trifft weder das eine noch das andere zu, d. h., Kältemittelrohrleitungen dürfen nicht durch oder in diesen Bereichen installiert werden. Wenn es unumgänglich ist, entscheiden der Brandschutzsachverständige und die Aufsichtsbehörde über zulässige Maßnahmen, z. B. promatierte Trassen, d. h., die Rohrleitungstrasse wird mit feuerfesten Kalziumsilikatplatten verkleidet.

Bei Rohrleitungen wird zwischen brennbaren oder brandfördernden Medien und nicht brennbaren Medien unterschieden:

- **Nicht brennbare Medien (Kältemittel der Sicherheitsgruppe A1, Kühlmittel Wasser)**

  Die Rohrleitungen dürfen offen verlegt werden und mit maximal 0,5 mm dicken brennbaren Beschichtungen versehen sein, z. B. Korrosionsschutz.

  Die Dämmstoffe dürfen ebenfalls nicht brennbar sein, z. B. Mineralwolle, Foamglas.

  Wenn die Rohrleitungen oder der Dämmstoff aus brennbaren Stoffen besteht, dann müssen die Rohrleitungen verlegt werden entweder

a) in Schlitzen in massiven Wänden, die mit mindesten 15 mm dicken mineralischen Putz auf einem nicht brennbaren Putzträger (Putzgitter etc.) oder mindestens 15 mm dicken Platten aus mineralischen Baustoffen verschlossen werden, oder

b) in Installationsschächten und -kanälen, die aus nicht-brennbaren Baustoffen bestehen. Die Feuerwiderstandsfähigkeit muss dem höchsten Wert entsprechen, den durchdrungene Bauteile haben, z. B. Wände, oder

c) über Unterdecken aus nicht brennbaren Baustoffen. Die Rohrleitungen zwischen der Decke und Unterdecke müssen brandsicher befestigt sein, d. h., dass Metalldübel verwendet werden müssen, oder

d) in Unterflurkanälen oder Systemböden.

Weitere Details findet man im Abschnitt 3.3 und 3.5 der MLAR.

- **Brennbar oder brandfördernde Medien (alle Kältemittel, die nicht Sicherheitsgruppe A1 sind)**

  Die Rohrleitungen und ihre Dämmstoffe müssen aus nicht brennbaren Baustoffen bestehen.

  Die Rohrleitungen müssen verlegt werden entweder

  a) in Schlitzen in massiven Wänden, die mit mindesten 15 mm dicken mineralischen Putz auf einem nicht brennbaren Putzträger (Putzgitter etc.) oder mindestens 15 mm dicken Platten aus mineralischen Baustoffen verschlossen werden, oder

  b) in Installationsschächten und -kanälen, die aus nicht brennbaren Baustoffen bestehen. Die Feuerwiderstandsfähigkeit muss dem höchsten Wert entsprechen, den durchdrungene Bauteile haben, z. B. Wände.

  Weitere Details findet man im Abschnitt 3.4 und 3.5 der MLAR.

Wenn Rohrleitungen oder die elektrischen Leitungen der Maschine durch Decken und Wände geführt werden, darf sich ein Brand nicht ausbreiten. Die Durchführung muss dem Brand genauso lange standhalten wie die durchdrungene Wand.

Beinahe noch wichtiger ist, dass die Ausbreitung von Rauchgasen unterbunden wird. Der Mensch kann Rauchgase im Schlaf nicht riechen, da die Nase das einzige Organ ist, das im Schlaf seine Tätigkeit einstellt.

Alle Durchführungen müssen deshalb rauchdicht verschlossen werden. Bei einzelnen Leitungen darf die Bohrungswand eng an der Leitung anliegen, ohne mit Brandschutzmörtel oder ähnlichem verspachtelt zu werden. Hierbei liegt die Betonung auf „eins", zwei Leitungen, die im Bereich des Mindestabstands verlegt sind, benötigen ein ordentliches Brandschott.

Die Details und vereinfachende Regelungen findet man im Abschnitt 4 der MLAR.

12.6 Bauvertragsrecht

Wenn Anlagen im Zusammenhang mit Baumaßnahmen errichtet werden, kommt man auch mit dem Bauvertragsrecht nach der Verdingungsordnung Bau (VOB) und dem Bürgerlichen Gesetzbuch (BGB) in Berührung.

Dieser Themenbereich ist sehr komplex. Wir überlassen ihn den erfahrenen Juristen für Baurecht. Es gibt auch zum neuen (aktuellen) Bauvertragsrecht bereits zahlreiche Veröffentlichungen, die uns mit ihren Kommentaren helfen, die eine oder andere Klippe zu umschiffen. Klarheit zur korrekten Interpretation und Anwendung des neuen Baurechts wird es aber wohl erst in einigen Jahren durch die höchstrichterliche Rechtsprechung geben.

Auf einen wichtigen Punkt soll hier dennoch hingewiesen werden. Die VOB/C enthält ein Inbetriebnahme- und Abnahmeszenario, wie es weder die Verordnungen des ProdSG noch die BetrSichV kennen. Es handelt sich eindeutig um konkurrierende Gesetzgebung. Wenn man also einen VOB-Vertrag mit dem Inverkehrbringer einer Kältemaschine oder Wärmepumpe abschließt, dann müssen die Anforderungen der VOB/C zusätzlich erfüllt werden.

Dies trifft beispielsweise auf alle VRV/VRF-Anlagen zu, deren Verrohrung zwischen Außeneinheiten und Inneneinheiten immer erst vor Ort montiert werden. Aber auch Zusatzgeräte von Lüftungs- oder Klimageräten sind betroffen, wenn die Verrohrung zwischen einzelnen Komponenten erst vor Ort montiert werden.

13 Technische Regeln zu den Verordnungen

Zur Arbeitsstättenverordnung, Betriebssicherheitsverordnung, Gefahrstoffverordnung und den Immissionsschutzverordnungen gibt es Technische Regeln. Die rechtliche Bedeutung dieser Regeln variiert allerdings. Im Gegensatz zu den alten Regeln der Druckbehälterverordnung sind die heutigen Regeln eher den technischen Normen gleichgestellt. Die technischen Regeln nach Betriebssicherheitsverordnung (TRBS) und Arbeitsstättenverordnung (ASR) lösen nur noch die Erfüllungsvermutung aus, ebenso wie andere aaRdT.

> **TRBS 1001 Struktur und Anwendung der Technischen Regeln für Betriebssicherheit vom 15.09.2006**
>
> 4.2 Auslösen der Vermutungswirkung
>
> Eine TRBS wird veröffentlicht und entfaltet bei Anwendung der beispielhaft genannten Maßnahmen ihre Vermutungswirkung.

Die Technischen Regeln für Gefahrstoffe (TRGS) sind hier aber eher im Rang einer Durchführungsverordnung einzustufen, da Sie die nach §17 Absatz 1 zu beachtenden Regeln näher bestimmen oder fehlende Regeln ersetzen sollen.

> **TRGS 001 Allgemeines, Aufbau, Anwendung und Wirksamwerden der TRGS von März 1996**
>
> 1.2 Durch die TRGS werden insbesondere die in §17 Abs. 1 der Verordnung genannten Regeln und Erkenntnisse inhaltlich näher bestimmt, soweit dies ihrer Art nach möglich ist, und soweit es an einschlägigen Rechtsvorschriften fehlt, unmittelbar Pflichten des Arbeitgebers begründet. Bei den in §17 Abs. 1 genannten Regeln und Erkenntnissen handelt es sich um solche, aus denen die vom Arbeitgeber zu treffenden Maßnahmen zu entnehmen sind.

Einige TRBS sind gleichzeitig TRGS und sind hier im Rang der TRGS zu berücksichtigen, d. h., es handelt sich um nicht verhandelbare Durchführungsvorschriften. Dies gilt insbesondere für die technischen Regeln zum Explosionsschutz, die beim Umgang mit brennbaren Kältemitteln beachtet werden müssen. In diesem Zusammenhang kommen auch private Betreiber mit diesen Regeln in Berührung, da sie zumindest Anhaltspunkte für den Umgang mit diesen Stoffen liefern. Auch nach dem Baurecht können Maschinen mit brennbaren und explosiven Kältemitteln nicht beliebig eingesetzt werden, da zu große Füllmengen oder die Missachtung der aaRdT die Standsicherheit eines Gebäudes gefährden (s. a. §319 StGB Baugefährdung) oder eine Brandgefahr darstellen könnten.

§ 319 Strafgesetzbuch StGB Baugefährdung:

(1) Wer bei der Planung, Leitung oder Ausführung eines Baues oder des Abbruchs eines Bauwerks gegen die allgemein anerkannten Regeln der Technik verstößt und dadurch Leib oder Leben eines anderen Menschen gefährdet, wird mit Freiheitsstrafe bis zu fünf Jahren oder mit Geldstrafe bestraft.

(2) Ebenso wird bestraft, wer in Ausübung eines Berufs oder Gewerbes bei der Planung, Leitung oder Ausführung eines Vorhabens, technische Einrichtungen in ein Bauwerk einzubauen oder eingebaute Einrichtungen dieser Art zu ändern, gegen die allgemein anerkannten Regeln der Technik verstößt und dadurch Leib oder Leben eines anderen Menschen gefährdet.

(3) […]

(4) […]

Die Technischen Regeln für Anlagensicherheit (TRAS) sind ebenfalls eher im Rang einer Durchführungsverordnung zu sehen. Sie werden auf Grundlage des §51a BImSchG von der Kommission für Anlagensicherheit erarbeitet und im Bundesanzeiger veröffentlicht. Die Regeln werden spätestens alle fünf Jahre an den aktuellen Stand der Sicherheitstechnik angepasst, der z. B. nach der Störfallverordnung berücksichtigt werden muss.

TRAS 110 Sicherheitstechnische Anforderungen an Ammoniak-Kälteanlagen:

Präambel

Die Technischen Regeln für Anlagensicherheit enthalten den Stand der Sicherheitstechnik im Sinne des §2 Nr. 5 der Störfallverordnung […] entsprechende sicherheitstechnische Regeln und Erkenntnisse. Betriebs- und Beschaffenheitsanforderungen, die aus anderen Regelwerken zur Erfüllung anderer Schutzziele resultieren, bleiben unberührt.

14 Prüfung

Bei den Prüfungen muss unterschieden werden zwischen Prüfungen vor Inbetriebnahme und Wiederholungsprüfungen nach einem festgelegten Zeitraum. Hierbei ist zu beachten, dass die BetrSichV keine Inbetriebnahmephase kennt. Juristisch gesehen ist die Inbetriebnahme das erstmalige eigenverantwortliche Einschalten durch den Betreiber, d. h. der Errichter oder Hersteller ist an diesem Vorgang weder beteiligt noch anwesend.

Alle Tätigkeiten vor diesem Zeitpunkt finden entweder in der Verantwortung des Herstellers der Anlage statt oder sind Prüfungen vor Inbetriebnahme. Sollte der Hersteller eine klassische Inbetriebnahmephase zur Einstellung der Steuerung und Regler benötigen, findet diese formal ohne Beteiligung des künftigen Betreibers statt. Es sollten grundsätzlich auch keine Mitarbeiter des künftigen Betreibers aktiv mitarbeiten, da es sich um eine Arbeitnehmerüberlassung an den Hersteller handeln würde – mit allen steuerlichen und arbeitsrechtlichen Folgen.

14.1 Prüfung vor Inbetriebnahme

Im Grunde müssen die gleichen Prüfungen durchgeführt werden, die auch der Hersteller durchführen muss, um die Kältemaschinen oder Wärmepumpen in Verkehr zu bringen. Hinzu kommen die gesetzlich vorgeschriebenen Prüfungen nach dem Umweltrecht. Außerdem muss geprüft werden, ob Anlagen dem Bauordnungsrecht entsprechen, wenn sie vor Ort errichtet wurden. Dies gilt insbesondere für die Anforderungen durch den baulichen Brandschutz.

Die BetrSichV schreibt die Prüfung vor Inbetriebnahme oder einer erneuten Inbetriebnahme in Paragraph 15 vor. Eine erneute Inbetriebnahme findet entweder statt, wenn die Anlage über einen längeren Zeitraum nicht in Betrieb war oder wenn eine wesentliche Änderung vorgenommen wurde.

- Prüfung der Dokumentation
- Dichtheitsprüfung

  Sie kann als Kopie vom Errichter der Anlage übernommen werden. Dies sollte Bestandteil des Liefervertrages sein.

  Die Dichtheitsprüfung wird zum einen im den aaRdT und zum anderen in der ChemKlimaschutzV gefordert.

  Das Protokoll enthält die eindeutig zuzuordnende Bezeichnung der Anlage, das eingefüllte Kältemittel und die angewendeten Prüfverfahren (Sichtprüfung, Lecksuchspray, Feinprüfung mit elektronischem Lecksuchgerät). Das Fabrikat und die Typen eingesetzter Prüfgeräte sollte ebenfalls genannt werden, um im Bedarfsfall die Kalibrierung des Gerätes nachprüfen zu können.

Es können beispielsweise die Vordrucke des Bundesinnungsverbandes (BIV) verwendet werden.

- Funktionstests der Sicherheitselemente

  Auch dieses Protokoll kann durch vertragliche Vereinbarung vom Errichter der Anlage übernommen werden.

- Elektrische Prüfung nach DIN EN 60204-1 (VDE 0113)

  Die erste elektrische Prüfung muss von einem konzessionierten Elektrofachbetrieb durchgeführt werden, weil der Anschluss der Anlage direkt an das Niederspannungsnetz erfolgt. Nur wenn ein Mittelspannungsanschluss vorhanden ist, kann dieses Protokoll vom Errichter (Kälteanlagenbaufachbetrieb) übernommen werden.

- Prüfung auf Einhaltung des Brandschutzes

  Grundsätzlich ist der Errichter für die Durchführung der Brandschutzmaßnahmen verantwortlich, aber der Betreiber hat die Pflicht, die Einhaltung der gesetzlichen Vorschriften zu prüfen. Da der Betreiber in der Regel kein zugelassener Brandschutzsachverständiger ist, überträgt man diese Aufgabe am besten einem externen Sachverständigen.

- Ausdehnungsgefäße in Kälteanlagen

  Die Prüfung darf grundsätzlich durch eine befähigte Person erfolgen, wenn die Wassertemperatur höchstens 120 °C beträgt.

14.2 Wiederholungsprüfungen

Die Wiederholungsprüfungen finden auf Basis mehrerer Verordnungen statt. Zum einen fordert die BetrSichV für Arbeitsmittel Wiederholungsprüfungen, zum anderen fordern aber auch die ChemKlimaschutzV und europäische F-Gase-Verordnung regelmäßige Wiederholungsprüfungen auf Dichtheit der Maschine.

Die Dichtheitsprüfung nach ChemKlimaschutzV wird mindestens jährlich wiederholt. Die elektrischen Prüfungen werden entsprechend der DGUV-Vorschrift 3 und der BetrSichV wiederholt. Der Betreiber legt die Fristen in seinen Gefährdungsbeurteilungen fest und überwacht deren Einhaltung.

Für die Bewertung der Prüfungen werden die vorangegangenen Prüfungen und vor allem die erste Prüfung herangezogen. Die ausführenden Fachkräfte müssen deshalb Zugriff auf Kopien dieser Protokolle haben.

- **Dichtheitsprüfung**

  Die Häufigkeit der Wiederholung richtet sich nach dem CO_2-Äquivalent des Kältemittels (GWP-Wert und Füllmenge). Die Angaben hierzu findet man im Artikel 4 der EU-Verordnung 517/2014.

  Anlagen mit einer Füllmenge, deren CO_2-Äquivalent kleiner als 5 Tonnen ist, oder hermetisch geschlossene Anlagen mit einer Füllmenge, deren CO_2-Äquivalent kleiner als 10 Tonnen ist und die vom Hersteller als hermetisch geschlossene Anlage gekennzeichnet sind, werden keiner Dichtheitskontrolle unterzogen.

  Die Fristen betragen:

  c) CO_2-Äquivalent 5t bis unter 50t: mindestens alle 12 Monate (jährlich)

  d) CO_2-Äquivalent 50t bis unter 500t: mindestens alle 6 Monate (halbjährlich)

  e) CO_2-Äquivalent 500t oder mehr: mindestens alle 3 Monate (vierteljährlich)

  Die Fristen können jeweils verdoppelt werden, wenn ein Leckageerkennungssystem installiert ist.

  Ein Leckage-Erkennungssystem ist ein kalibriertes mechanisches oder elektronisches System, das den Betreiber und das Instandhaltungsunternehmen vor jedem Leck warnt.

- **Funktionstests der Sicherheitselemente**

  Die technischen Regeln verlangen eine regelmäßige Prüfung der Sicherheitselemente.

  Diese Prüfung kann meistens mit der Dichtheitsprüfung verbunden werden. Man beachte aber die benötigte Qualifikation des Prüfers. Je nach Anlage ist Kategorie II oder I nach ChemKlimaschutzV notwendig (vgl. Kapitel 12.2.2).

  Für den Funktionstest müssen die Sicherheitselemente auch ansprechen, d. h., es muss in die Steuerung des Kältemittelkreislaufs eingegriffen werden.

  Es gibt keine konkrete Festlegung von Prüffristen für Sicherheitsventile – weder für abblasende noch für überströmende Ventile. Die Festlegung muss also anhand der Herstellerunterlagen in der Gefährdungsbeurteilung erfolgen.

- **Überwachungspflichtige Anlagen**

  Die Prüffristen richten sich nach Anhang 2 der BetrSichV. Für die Festlegung der höchstzulässigen Prüffrist und die Qualifikation des Prüfers sind eine Reihe von Punkten zu beachten. Die Festlegungen für Druckanlagen stehen in Abschnitt 4 von Anhang 2.

  Die „Wiederkehrenden Prüfungen“ bestehen aus äußeren Prüfungen (Sichtprüfung, Dichtheitsprüfung), inneren Prüfungen und Festigkeitsprüfungen. Grundsätzlich prüft die zugelassene Überwachungsstelle. Nur unter bestimmten Voraussetzungen kann auch die befähigte Person prüfen.

Die Nummer 6.2 benennt die Bedingungen für Kältemaschinen und Wärmepumpen. Demnach sind wiederkehrende Prüfungen spätestens alle fünf Jahre durchzuführen, wenn sie von einer zugelassenen Überwachungsstelle (ZÜS) geprüft werden müssen.

Wiederkehrende innere Prüfungen und Festigkeitsprüfungen sind nur erforderlich, wenn das betreffende Anlagenteil für Instandsetzungsarbeiten außer Betrieb genommen wird.

Anlagen der Druckgerätekategorie III und IV müssen immer von der ZÜS geprüft werden, wenn folgende Grenzen für den zulässigen Betriebsdruck *PS* bzw. P_b oder des Produkts $PS \times V$ erfüllt sind:

- Fluidgruppe 1

  Kategorie III: $PS > 1$ bar und $200 < PS \times V \leq 1000$

  Kategorie IV: $PS > 1$ bar und $PS \times V > 1000$
- Fluidgruppe 2

  Kategorie III: $PS > 1$ bar und $1000 < PS \times V \leq 3000$

  Kategorie IV: $PS > 1$ bar und $PS \times V > 3000$

Alle anderen in den Tabellen genannten Zustände sind für Kältemaschinen und Wärmepumpen irrelevant.

- **Ausdehnungsgefäße in Kälteanlagen**

  Die Prüfung darf grundsätzlich durch eine befähigte Person erfolgen, wenn die Wassertemperatur höchstens 120 °C beträgt.

- **Druckbehälter und daran angeschlossene Rohrleitungen für entzündbare Gase und Gasgemische**

  Wenn keine korrodierende Wirkung auf die Wandungen der Behälter und Rohrleitungen vorliegt, müssen die Behälter alle zwei Jahre einer äußeren Prüfung unterzogen werden.

  Dies trifft auf nahezu alle üblichen Kältemittel der Sicherheitsgruppen A2L, A2, A3, B2L oder B2 zu. Ausgenommen ist derzeit nur Ammoniak (B2L).

15 Instandhaltung

Alle Arbeitsmittel müssen instandgehalten werden. Die Instandhaltung besteht aus vier Anteilen

- Wartung
- Inspektion
- Instandsetzung
- Verbesserung

Die Instandhaltung dient

- der Erhaltung des funktionsfähigen Zustands, d. h.
  - hohe Betriebsbereitschaft der Kälteanlage sichern
  - größtmögliche Funktionssicherheit gewährleisten
- der Rückführung in den funktionsfähigen Zustand, d. h.
  - lange Lebensdauer sichern
  - wirtschaftlichen Betrieb gewährleisten

Die Instandhaltung umfasst alle technischen und administrativen Maßnahmen, die notwendig sind, damit eine Betrachtungseinheit die geforderte Funktion erfüllen kann.

Eine Betrachtungseinheit kann jedes Bauteil, Gerät, Funktionseinheit oder System sein, das man für sich betrachten kann.

Beispiel: Betrachtungseinheit

Die Kälteanlage eines Kühlraums besteht aus einem Verdampfer, einem Verdichter, einem Verflüssiger und der elektrischen Steuerung.

Eine Betrachtungseinheit kann nun sein:

- die gesamte Anlage
- der Verdichter
- der Verflüssiger
- der Verdampfer
- das Expansionsventil
- der Schaltkasten

Die Wartung soll die Abnutzung verzögern. Sie umfasst alle Maßnahmen, die dieses Ziel erreichen. Der Betreiber erstellt anhand der Instandhaltungsanleitung/Wartungsanleitung den Wartungsplan.

Die Inspektion umfasst alle Maßnahmen zur Feststellung des Istzustands, der Feststellung von Abnutzungsursachen und die Ableitung von Konsequenzen für die künftige Nutzung. Außerdem können Inspektionen benutzt werden, um gesetzliche Vorschriften zum Umweltschutz oder der Energieeinsparung umzusetzen. Hierzu zählen beispielsweise die gesetzlich vorgeschriebenen Dichtheitsprüfungen und Wiederholungsprüfungen.

Die Instandsetzung dient zur Rückführung in den funktionsfähigen Zustand. Ausgenommen von den Instandsetzungsmaßnahmen sind formal nur Verbesserungsmaßnahmen.

Spätestens in diesem Zusammenhang wird auch die Gefährdungsbeurteilung um mögliche Gefährdungen erweitert, die nur bei Ausführung dieser Maßnahmen auftreten. Dies könnten bei brennbaren Kältemitteln, z. B. die Einrichtung von Ex-Schutz-Zonen für die Dauer der Wartungs- oder Instandsetzungsarbeiten sein.

Anhand des Wartungsplans bzw. Instandhaltungsplans werden die Aufträge an die Fachbetriebe vergeben. Dies kann sowohl als langfristiger Wartungsvertrag als auch als Einzelauftrag erfolgen.

Grundsätzlich müssen sowohl die Wartungsarbeiten als auch notwendige Instandsetzungsarbeiten die gesetzlichen Vorschriften umsetzen. Deshalb werden die Wartungspläne anhand der Gefährdungsbeurteilung mit den gesetzlichen Wiederholungsprüfungen zum Erhalt des technisch einwandfreien Zustands verknüpft. Dies gilt insbesondere für die überwachungsbedürftigen Anlagen.

Die einzuhaltenden Fristen für gesetzlich geforderten Wiederholungsprüfungen wurden bereits im vorhergehenden Kapitel besprochen.

Auch wenn die Arbeiten von Fachbetrieben durchgeführt werden, entbindet dies den Betreiber nicht vollständig von seiner Verantwortung. Der Betreiber verbleibt immer in der organisatorischen Verantwortung (§10 BetrSichV). Er ist grundsätzlich auch für den Arbeitsschutz der Mitarbeiter von beauftragten Fremdfirmen mitverantwortlich, z. B. legt er bei Dacharbeiten die Anschlagpunkte für die Absturzsicherung o. Ä. fest und überwacht die Einhaltung der notwendigen Anweisungen. Die Instandhaltungsmaßnahmen gehören im Zweifelsfall zu den besonderen Betriebszuständen oder Betriebsstörungen, für die der Betreiber die erforderlichen Schutzmaßnahmen und organisatorischen Abläufe festlegen muss.

Nach den diversen Rechtsnormen ist der Betreiber dafür verantwortlich, dass nur Fachbetriebe beauftragt werden. Es sollte daher in der Gefährdungsbeurteilung und den Instandhaltungsplänen festgelegt werden, wie man sich bestmöglich versichert, dass dieser Punkt wirklich erfolgt ist, z. B. durch Vorlage bzw. Überlassung der Kopien von gesetzlich vorgeschriebenen Zertifizierungen. Kältefachbetriebe, die mit fluorierten Kältemitteln umgehen, müssen u. a. nach ChemKlimaschutzV zertifiziert sein. Anlassbezogen können auch die personenbezogenen Zertifikate der Monteure angefordert werden.

Die Arbeiten an der elektrischen Ausrüstung von Kältemaschinen und Wärmepumpen dürfen nur von Elektrofachkräften oder Elektrofachkräften für festgelegte Tätigkeiten ausgeführt werden. Wenn solche Arbeiten bzw. die elektrischen Wiederholungsprüfungen anstehen, können die Bestellurkunden der ausführenden Monteure in Kopie eingefordert werden, da diese Auskunft über die elektrotechnischen Arbeiten geben, die der Monteur ausführen darf. Zumindest sollte aus dem Arbeitsauftrag unmissverständlich hervorgehen, dass der Fachbetrieb nur solche Fachkräfte einsetzen darf und dass ein Prüfprotokoll erstellt und dem Betreiber in Kopie überlassen wird. Es muss auch eindeutig geregelt sein, wer die Anlagenaufsicht während der Durchführung der Arbeiten hat und wo die Schnittstellen zwischen der Maschine und den übrigen Versorgungsnetzen sind.

Die Fachmonteure benötigen für die Beurteilung des Anlagenzustands auch Einsicht in die Anlagenbücher. Einträge über Kältemittelverluste, durchgeführte Reparaturen und Wiederholungsprüfungen sind unverzichtbare Informationsquellen. Wenn die Anlagenbücher beim Betreiber elektronisch geführt werden, muss also auch festgelegt sein, wie man diese Informationen Fremdfirmen zugänglich macht. Zudem müssen die Monteure ihre Einträge nach ChemKlimaschutzV bzw. F-Gase-Verordnung unterschreiben. Die Unterlagen in Papierform müssen in unmittelbarer Nähe der Anlagen aufbewahrt werden.

Teil 5 Sicherheitseinrichtungen

16 Elektromechanische Schalter

Es gibt sowohl elektromechanische Schalter zum Schutz vor zu hohen oder niedrigen Drücken (Pressostate) als auch vor hohen oder niedrigen Temperaturen (Thermostate). Welche Schalter zum Einsatz kommen, hängt von zahlreichen Faktoren ab.

16.1 Sicherheitsdruckschalter

Die Sicherheitsdruckschalter müssen baumustergeprüft und nach EN 12263:1998 gefertigt worden sein. Sie stellen in der Regel den Schutz vor Überschreitung des zulässigen Betriebsdrucks *PS* sicher.

Es gibt aber auch einen Sicherheitsdruckbegrenzer, der gegen die Unterschreitung des gewollten Saugdrucks schützt. Er kommt seit dem Jahr 2000 vor allem in Kaltwassersätzen zum Einsatz, um die Anforderungen des Wasserhaushaltsgesetzes in Verbindung mit DIN 8901 zu erfüllen. Er soll im Fall einer Leckage den Austritt von Kältemaschinenöl auf das technisch machbare Minimum beschränken.

Wann welcher Pressostat tatsächlich eingesetzt werden muss, hängt von mehreren Faktoren ab:

- Art der Maschine: Kompressionsmaschine oder Sorptionsmaschine
- Kältemittelsicherheitsklasse nach EN 378-1
- Verdichterbauart: Verdrängungsverdichter oder Strömungsverdichter
- Fördervolumenstrom des Kältemittelverdichters
- Druckgerätekategorie nach Richtlinie 2014/68/EU

16.1.1 Verdrängungsverdichter

Bei den Verdrängungsverdichtern muss zunächst geklärt sein, ob es sich bei der Maschine um ein Druckgerät nach Artikel 4 Absatz 3 oder Kategorie I oder höher handelt.

Bei Druckgeräten der Kategorie Artikel 4 Absatz 3 richtet sich die Sicherheitsausrüstung nach Teilabschnitt C des Bild 1 der DIN EN 378-2:

- Wenn die Anlage auf Eigensicherheit geprüft wurde, sind keine weiteren Maßnahmen erforderlich.

- Wenn es sich um Geräte für den Hausgebrauch handelt (weiße Ware), müssen die Verdichter durch eine Schutzeinrichtung nach EN 60335-34-2 abgeschaltet werden, bevor der maximal zulässige Betriebsdruck *PS* erreicht wird.

Bei den Druckgeräten der Kategorie I und höher wird der Teilabschnitt B von Bild 1 der DIN EN 378-2 verwendet.

Ist das Fördervolumen kleiner als 90 m^3/h, wird ein Sicherheitsdruckbegrenzer für jeden Verdichter benötigt. Es ist sogar ein Sicherheitsdruckwächter ausreichend, wenn außerdem die Kältemittelfüllmenge unter den folgenden Mengen liegt:

- Sicherheitsgruppe A1: unter 100 kg
- Sicherheitsgruppe A2L: unter 30 kg
- Sicherheitsgruppe A2 oder A3: unter 5 kg

Ab einem Fördervolumenstrom von 90 m^3/h ist eine Druckentlastungseinrichtung (DEE), d. h. ein Überströmventil oder Abblasventil erforderlich. Zusätzlich wird ein Sicherheitsdruckbegrenzer benötigt, wenn der Ansprechdruck des Sicherheitsventils kleiner oder gleich dem zulässigen Betriebsdruck *PS* des Anlagenabschnitts ist. Ist der Ansprechdruck sogar größer als der zulässige Betriebsdruck *PS*, müssen zwei Sicherheitsdruckbegrenzer elektrisch in Reihe montiert werden. Diese Situation könnte eintreten, wenn der Verdichterhersteller eine Druckentlastungseinrichtung werkseitig montiert und der Betreiber einen niedrigeren zulässigen Betriebsdruck festlegt. Aber Vorsicht, der höchste auftretende Druck darf den zulässigen Betriebsdruck *PS* um maximal 10 % überschreiten! Die Druckentlastungseinrichtung muss also so schnell öffnen, dass diese Bedingung auf jeden Fall eingehalten wird.

Beispiel: Kältemaschine mit 4-Zylinder-Hubkolbenverdichter, Sammler 25 dm^3

Die Kältemaschine hat eine Kälteleistung von 12 kW bei einer Verdampfungstemperatur von –25 °C. Das Auslegungsprogramm eines Verdichterherstellers ergibt ein Modell mit folgenden Daten:

Kältemittel:	R449 A
Verdampfungstemperatur:	–25 °C
Überhitzung:	12 K gesamt 8 K nutzbar
Hubvolumenstrom:	56,25 m^3h^{-1}
Zulässiger Betriebsdruck *PS*:	19 bar ND 32 bar HD

Das Kältemittel ist nach DIN EN 378-1 Anhang E ein Kältemittelgemisch der Sicherheitsgruppe A1.

Die Schutzeinrichtung gegen zu hohen Überdruck richtet sich nach dem Fließbild im Abschnitt 6.2.6.2 der DIN EN 378-2. Der Verdichter kann einen zu hohen Überdruck erzeugen. Die Anlage enthält Druckgeräte der Kategorie III, daher richtet sich die Schutzeinrichtung nach Teil B des Fließbilds.

Es handelt sich um einen Verdrängungsverdichter, dessen Hubvolumenstromen kleiner als 25 dm^3s^{-1} ist.

Daher ist nach der aktuellen Norm ein Druckbegrenzer für jeden Verdichter notwendig.

Allerdings enthält die Norm wieder einmal in einer Fußnote eine Ausnahmeregelung:

Ein Druckwächter ist ausreichend, wenn folgende Zusatzbedingungen erfüllt sind:

1. Sicherheitsklasse A1: Kältemittelfüllmenge unter 100 kg,
2. Sicherheitsklasse A2L: Kältemittelfüllmenge unter 30 kg,
3. Sicherheitsklasse A2 oder A3: Kältemittelfüllmenge unter 5 kg.

Das Sicherheitsniveau wird durch die automatische Rückstellung des Wächters nicht beeinträchtigt.

Da die Kältemittelfüllmenge unter 39 kg liegen wird, ist in diesem Fall also ein Druckwächter für den Verdichter ausreichend.

Wenn der zulässige Betriebsdruck der fertigen Anlage ebenfalls mit *PS* = 32 bar für die Hochdruckseite festgelegt werden kann, wird der Sicherheitsdruckwächter entweder auf 32 bar oder auf 28,8 bar eingestellt. Der niedrigere Wert wird bei Einsatz eines Sicherheitsventils mit der Einstellung 32 bar eingestellt.

16.1.2 Strömungsverdichter

Ein Druckwächter oder eine Druckentlastungseinrichtung oder eine Pumpenschutzvorrichtung wird in der EN 378-2:2017 als ausreichend betrachtet.

16.1.3 Thermischer Verdichter der Sorptionsmaschine

Die Zuordnung erfolgt nach Teilabschnitt D von Bild 1. Es wird zunächst nach der erforderlichen Wärmezufuhr unterschieden. Wenn die Wärmeaufnahme größer als 70 kW ist, werden zwei in Reihe geschaltete Druckbegrenzer benötigt, die die Wärmequelle des Generators (Austreiber) fehlersicher abschalten.

Bis 70 kW Wärmeaufnahme genügt ein Sicherheitsdruckbegrenzer, der die Wärmequelle des Generators (Austreiber) fehlersicher abschaltet.

Wenn es sich um eine gasbefeuerte Sorptionsmaschine handelt, müssen zusätzlich die Anforderungen der EN 12309-2:2016 „Gasbefeuerte Sorptions-Geräte für Heizung und/oder Kühlung mit einer Nennwärmebelastung nicht über 70 kW – Teil 2: Sicherheit“ erfüllt werden.

16.1.4 Sicherheitsthermostate

Bei thermischen Verdichtern (Sorptionsmaschinen) und Wärmeaustauschern können Gefährdungssituationen teilweise auch mit Sicherheitsthermostaten beherrscht werden. Die gängigsten Fälle sind der Abtaubegrenzungsthermostat und der Einfrierschutz von Flüssigkeitskühlern.

Die elektrischen Vorschriften (VDE, IEC) fordern bei elektrischen Heizungen einen elektromechanischen Temperaturschalter, um die Brandgefahren sicher zu beherrschen. Wenn sich die inzwischen am Markt befindlichen Brandschutzschalter für Kühlräume als alltagstauglich erweisen, können sie natürlich als Alternative verwendet werden.

Bei Flüssigkeitskühlern wird häufig an Stelle eines Niederdruckschalters ein Temperaturschalter als Einfrierschutz verwendet.

17 Druckentlastung

Druckentlastungseinrichtungen DEE oder Sicherheitsventile SV sollen nach Möglichkeit als gegendruckunabhängige Überströmventile ausgeführt werden. Die Berechnung wird nach EN 13136 durchgeführt. Grundsätzlich müssen alle Abschnitte, in denen flüssiges Kältemittel eingesperrt wird, durch eine Druckentlastungseinrichtung vor unzulässig hohem Druck durch Wärmeausdehnung der Flüssigkeit geschützt werden.

Eine wichtige Kenngröße der Berechnung ist die Verdampfungswärme des Kältemittels. Der kritische Druck des Kältemittels spielt ebenfalls eine wichtige Rolle. Denn die Ventile werden in der Regel für den 1,1-fachen Sattdampfdruck des Einstellwerts berechnet. Dies gilt aber nur, wenn dieser Sattdampfdruck kleiner oder gleich dem Sattdampfdruck ist, der bei der kritischen Temperatur t_{krit} minus fünf Kelvin herrscht.

Tab. 17.1 Kritischer Druck p_{krit}, kritische Temperatur t_{krit} und Sattdampfdruck bei t_{krit} – 5 K

Kältemittel	kritischer Punkt				Sattdampfdruck bei t_{krit} – 5 K	
	kritischer Druck		kritische Temperatur			
	p_{krit}		t_{krit}	T_{krit}		
	bar	kPa	°C	K	bar	kPa
R32	57,82	5782	78,11	315,26	52,04	5204
R134a	40,670	4067,00	101,10	374,25	35,983	3598,29
R152a	33,832	3383,17	98,00	371,15	30,715	3071,46
R410 A	49,03	4903	71,36	344,51	44,03	4403
R449A	44,47	4447	81,5	354,65	39,171	3917,09
R513A	37,66	3765,7	96,5	369,65	34,04	3404,33
R290	42,359	4235,93	96,67	369,82	38,846	3884,61
R600a	36,846	3684,55	135,92	409,07	34,139	3413,92
R717	113,530	11353,00	132,35	405,50	103,793	10379,31
R744	73,834	7383,40	31,06	304,21	65,775	6577,47

Bei den Gleichungen muss zwischen den verschiedenen Ursachen unterschieden werden:

- äußere Wärmequellen
- innere Wärmequellen
- Verdichter
- Flüssigkeitsausdehnung

Ein weiteres Kriterium ist die Strömungsart: kritisch oder unterkritisch.

Beispiel: Kältemittelsammler 25 dm³

Die Kältemaschine ist für die Tiefkühlung von Lebensmitteln vorgesehen. Sie wird mit einem zeotropen Kältemittel befüllt. Da R404A durch das Phase-Down-Szenario der europäischen F-Gase-Verordnung nicht mehr für Neuanlagen infrage kommt, wird das Ersatzkältemittel R449A eingesetzt. Der Kältemittelsammler wird aus Umweltschutzgründen mit einem Überströmventil in die Saugleitung abgesichert. Die Niederdruckseite hat ein so großes Rohrvolumen, dass auch bei den höchsten Umgebungstemperaturen kein unzulässig hoher Druck im Inneren entstehen kann.

Fluidgruppe nach EN 378-1:	A1
Fluidgruppe nach DGRL:	II
Volumen V:	25 dm³
maximal zulässiger Betriebsdruck PS:	33 bar = 3.300 kPa
Durchmesser d:	216 mm
Länge l:	870 mm
Füllmenge m_R:	42 kg
Druckgerätekategorie:	$PS \times V = 825$ bar ⇒ Kategorie III

Ein Druckbehälter der Kategorie III muss mit zwei Ventilen abgesichert werden, wenn er beidseitig abgesperrt werden kann.

Es wird mit einem Wechselventil von einem Sicherheitsventil auf das andere umgeschaltet, sodass immer ein Ventil aktiv ist.

Beispiel: Kältemittelsammler 100 dm³, R744, Mitteldruck

Von dem Behälter sind folgende Daten bekannt:

Volumen V:	100 dm³
maximal zulässiger Betriebsdruck PS:	90 bar = 9.000 kPa
Durchmesser d:	355 mm
Länge l:	1250 mm
Füllmenge m_R:	42 kg
Dämmschichtstärke s:	19 mm
Druckgerätekategorie:	$PS \times V = 9.000$ bar ⇒ Kategorie IV

Ein Druckbehälter der Kategorie IV muss mit zwei Ventilen abgesichert werden. Es wird mit einem Wechselventil von einem Sicherheitsventil auf das andere umgeschaltet, sodass immer ein Ventil aktiv ist.

kritische Temperatur minus 5 K: 31,06 °C - 5 K = 26,06 °C $\Rightarrow$ $p_0 = 6.577{,}47$ kPa

Der Einstellwert des Ventils liegt deutlich über dem Sattdampfdruck bei t_{krit} –5K. Hieraus folgt aber auch, dass die benötigte Berechnungsgröße h_{vap} bei t_{krit} –5K ermittelt wird, also bei 26,06 °C und 6.577,47 kPa.

In der Norm wird die Verdampfungswärme Δh_{d} mit dem Formelzeichen h_{vap} bezeichnet. Die Verdampfungswärme wird der Dampftafel für R477 entnommen:

$h_{\text{vap}} = 390{,}72\ \text{kJ kg}^{-1}$.

Bedauerlicherweise tauchen in den internationalen Normen wieder zunehmend zugeschnittene Größengleichungen auf, d. h., die physikalischen Größen müssen zwingend mit der vorgesehenen Einheit eingesetzt werden.

Die Norm verwendet je nach Rahmenbedingungen unterschiedliche Formeln. Zwei Faktoren sind dabei ausschlaggebend: Dämmschichtstärke und innere Wärmequellen.

Kältemittelsammler besitzen grundsätzlich keine inneren Wärmequellen. Bei der Dämmung ist nur wichtig, ob die Stärke unter 40 mm (0,04 m) liegt oder nicht.

Mit $s = 19\ \text{mm} < 0{,}04\ \text{m}$ wird mit der Norm-Wärmestromdichte $\varphi = 10\ \text{kW m}^{-2}$ gerechnet.

Die Behälteroberfläche A_{surf} wird als Zylinderoberfläche (Hüllfläche des Behälters) berechnet:

$A_{\text{surf}} = 0{,}25\ \pi\ D^2 + \pi\ D\ L = (0{,}25{\cdot}\pi{\cdot}355^2 + \pi{\cdot}355{\cdot}1250)\ \text{mm}^2 = 1{,}493\ \text{m}^2$

Berechnung der erforderlichen Mindestabblaseleistung Q_{md}:

$$Q_{\text{md}} = \frac{3600 \cdot \varphi \cdot A_{\text{surf}}}{h_{\text{vap}}} \frac{\text{kg}}{\text{h}} = \frac{3600 \cdot 10 \cdot 1{,}493}{390{,}72} \frac{\text{kg}}{\text{h}} = 137{,}56\ \frac{\text{kg}}{\text{h}}$$

Nun kann entweder der erforderliche Strömungsquerschnitt A_{C} berechnet werden, um ein Ventil auszuwählen, oder es wird die Abblaseleistung eines ausgewählten Ventils für die vorliegenden Bedingungen bestimmt. Die Prüfung der Abblaseleistung muss für die Dokumentation ohnehin erfolgen. Der Strömungsquerschnitt A_{C} wird bei den meisten Ventilen nicht im Datenblatt angegeben. Dort findet man in der Regel nur den Öffnungsdurchmesser oder Öffnungsquerschnitt des Ventils.

Im Katalog eines Herstellers findet man für den Typ E10/LS folgende Angaben:

> Bei $p = 90$ bar hat das Ventil eine Abblaseleistung von 7.129 kg h^{-1}. Der Öffnungsdurchmesser beträgt 10 mm. Der Drosselgleichwert beträgt $k_{\text{dr}} = 0{,}85$.

Außerdem werden noch einige Kennwerte aus den Tabellen der Norm benötigt:

Anhang A Tabelle 1:	Isentropenexponent	1,30
	Funktion des Isentropenexponents C	2,63
	kritisches Druckverhältnis $\left(\frac{p_b}{p_0}\right)_{krit}$	0,55

Bei einem tatsächlichen Ablasdruck $p_0 = 100$ bar und einem Umgebungsdruck $p_0 = 1$ bar (freiausblasend) liegt das Druckverhältnis bei:

$$\left(\frac{p_b}{p_0}\right) = 0{,}01 < \left(\frac{p_b}{p_0}\right)_{krit} = 0{,}55$$

Dies bedeutet, dass eine kritische Strömung vorliegt und der Korrekturfaktor k_b für den theoretischen Ausflussmassenstrom für unterkritischen Zustand auf den Wert 1 gesetzt wird.

Des Weiteren wird der reduzierte Ausflusskoeffizient (Drosselgleichwert) k_{dr} benötigt. Dieser Koeffizient kann nur im Experiment ermittelt werden. Für das gewünschte Ventil gibt der Hersteller einen Koeffizienten von $k_{dr} = 0{,}85$ an.

Mit diesen Daten kann nun die Abblaseleistung Q_m des Ventils unter realen Bedingungen bestimmt werden:

$$\begin{aligned} Q_m &= 0{,}2883 \cdot C \cdot A \cdot k_{dr} \cdot k_b \cdot \sqrt{\frac{p_0}{v_0}} \quad \frac{kg}{h} \\ &= 0{,}2883 \cdot 2{,}63 \cdot 78{,}54 \cdot 0{,}85 \cdot 1 \cdot \sqrt{\frac{100}{7{,}67 \cdot 10^{-3}}} \quad \frac{kg}{h} \\ &= 5.779{,}8\ \frac{kg}{h} \end{aligned}$$

Dieser Wert muss größer sein als die erforderliche Abblaseleistung Q_{md}:

$$\begin{aligned} Q_m &> Q_{md} \\ 5.779{,}8\ \frac{kg}{h} &> 137{,}56\ \frac{kg}{h} \end{aligned}$$

Die Forderung ist erfüllt.

Die Berechnung der Abblaseleitung ist ebenfalls in EN 13136 dargestellt. Die Dimensionierung erfolgt anhand des maximal zulässigen Druckabfalls in den zuführenden und abführenden Leitungen. Folgende Bedingungen müssen erfüllt werden:

- Die zulässigen Werte, die der Ventilhersteller angibt, werden nicht überschritten, oder
- In zuführenden Leitungen einschließlich Wechselventil beträgt der Druckabfall höchstens 3 % des tatsächlichen Abblasedrucks p_0: $\Delta p_{in} \leq 0{,}03 \cdot p_0$
- In abführenden Leitungen unterscheidet man zwischen gegendruckabhängig und gegendruckunabhängig. Wenn das Ventil gegendruckabhängig ist, darf der Druckabfall maximal 10 % des tatsächlichen Abblasedrucks p_0 betragen; bei

Gegendruckunabhängigkeit maximal 20 % des tatsächlichen Abblasedrucks p_0: $\Delta p_{out} \leq 0{,}10\ p_0$ bzw. $\Delta p_{out} \leq 0{,}20\ p_0$

- Der Strömungsquerschnitt der zu- oder abführenden Leitung darf nicht kleiner als der tatsächliche Strömungsquerschnitt A des Ventils sein.

Beispiel: Zuführende Leitung mit Wechselventil für den Mitteldruck-Kältemittelsammler 100 dm³

Die Sicherheitsventile für R744 werden im Regelfall ohne abführende Leitung montiert. Das Kältemittel wird beim Abblasen auf Atmosphärendruck entspannt und damit unter dem Tripelpunkt. Es entsteht daher Trockeneis.

Annahme:

Rohrleitung Cu ∅16×1 ⇒ $d_{in} = d_R = 14$ mm; $A_{in} = 153{,}9$ mm²

Länge 12 m, 5 Bogen 90°, 1 Wechselventil

Bestimmung der Druckverlustbeiwerte ζ:

Eintritt am Behälter
bündiger Anschluss, scharfkantig $\zeta = 0{,}5$ (DIN EN 13136 Anhang A, Tabelle A.4)

Gerades Rohr

$$\zeta = \frac{\lambda \cdot L}{d_R} = \frac{0{,}02 \cdot 12.000}{14} \frac{\text{mm}}{\text{mm}} = 17{,}1$$

Bogen 90°
Datenblatt K65-Rohr: Radius $R = 1{,}9\ D_R \Rightarrow \zeta = 0{,}3$

Wechselventil
$A_R = A_{in} = 153{,}9$ mm²

Datenblattventil: $K_{VS} = 9{,}0\ \frac{\text{m3}}{\text{h}}$

$$\zeta = 2{,}592 \cdot \left[\frac{A_R}{K_{VS}}\right]^2 \cdot 10^{-3} = 2{,}592 \cdot \left[\frac{153{,}9}{9{,}0}\right]^2 \cdot 10^{-3} = 0{,}76$$

Summe der Druckverlustbeiwerte

$$\Sigma\zeta = 0{,}5 + 17{,}1 + 5 \cdot 0{,}3 + 0{,}76 = 19{,}86$$

Bestimmung des Druckabfalls

$$\Delta p_{in} = 0{,}0320 \cdot \left[\frac{A_C}{A_{in}} \cdot C \cdot k_{dr} \cdot k_b\right]^2 \cdot \zeta \cdot p_o \qquad \text{in bar}$$

$$\Delta p_{in} = 0{,}0320 \cdot \left[\frac{1{,}87}{153{,}9} \cdot 2{,}63 \cdot 0{,}85 \cdot 1\right]^2 \cdot 19{,}86 \cdot 100 \text{ bar} = 0{,}047 \text{ bar}$$

Forderung:

$\Delta p_{in} \leq 0{,}03\ p_o$! ⇒ $\Delta p_{in} \leq 3$ bar !

0,047 bar ≤ 3 bar ⇒ erfüllt

18 Elektronische Sicherheitseinrichtungen

Elektronische Schalteinrichtungen dürfen nur dann als Sicherheitseinrichtung gegen Drucküberschreitung eingesetzt werden, wenn sie baumustergeprüft sind und die Anforderungen an sicherheitsgerichtete Elektronik erfüllen.

Die aktuelle EN 378-2:2017 nennt mehrere Produktnormen, die entsprechende Anforderungen beschreiben:

- harmonisierte Produktnormen der Reihe EN 60335 Sicherheit elektrischer Geräte für den Hausgebrauch und ähnliche Zwecke
- EN 62061:2016 bzw. DIN VDE 0113-50:2016 Sicherheit von Maschinen – Funktionale Sicherheit sicherheitsbezogener elektrischer, elektronischer und programmierbarer elektronischer Steuerungssysteme
  SIL-Klasse 2
- EN ISO 13849 Sicherheit von Maschinen - Sicherheitsbezogene Teile von Steuerungen
  Produktklasse PL = d
- EN 60730-2-6:2017 Automatische elektrische Regel- und Steuergeräte – Teil 2–6: Besondere Anforderungen an automatische elektrische Druckregel- und Steuergeräte einschließlich mechanischer Anforderungen
  Anhang H, Steuer- und Regelfunktionen der Klasse C, Abweichungen +0 %

Teil 6 Anhänge

19 Verzeichnis der Abkürzungen

aaRdT	allgemein anerkannte Regeln der Technik
Abl.	Amtsblatt
Abs.	Absatz
AD	Arbeitskreis Druckgeräte
ArbSchG	Arbeitsschutzgesetz
ArbStättV	Arbeitsstättenverordnung
AwsV	Verordnung über Anlagen zum Umgang mit wassergefährdenden Stoffen
BetrSichV	Betriebssicherheitsverordnung
BGB	Bürgerliches Gesetzbuch
BGH	Bundesgerichtshof
BimschG	Bundesimmissionsschutzgesetz
BimschV	Verordnung zum Bundesimmissionsschutzgesetz
BO	Bauordnung
CEN	Comité Européen de Normalisation (Europäisches Komitee für Normung)
CENELEC	Comité Européen de Normalisation Electrotechnique (Europäisches Komitee für elektrotechnische Normung)
ChemKlimaschutzV	Chemikalien-Klimaschutzverordnung
ChemOzonSchichtV	Chemikalien-Ozonschichtverordnung
CSPRS	Controlled Safety Pressure Relief System gesteuerte Sicherheitsventile
DEE	Druckentlastungseinrichtung
DGRL	Druckgeräterichtlinie
DGUV	Deutsche gesetzliche Unfallversicherung
DIN	Deutsches Institut für Normung
EfbV	Verordnung über Entsorgungsfachbetriebe
EFTA	European Free Trade Association (Europäische Freihandelsassoziation)
EG	Europäische Gemeinschaft
EMVG	Gesetz über die elektromagnetische Verträglichkeit von Betriebsmitteln (EMV-Gesetz)
EN	Europäische Norm

EnEV	Energieeinsparverordnung
EnWG	Energiewirtschaftsgesetz
EVPG	Gesetz über energieverbrauchsrelevante Produkte
EWG	Europäische Wirtschaftsgemeinschaft
EuGH	Europäischer Gerichtshof
EU	Europäische Union
GefahrStoffV	Verordnung zum Schutz vor Gefahrstoffen
GG	Grundgesetz
GGVSEB	Verordnung über die innerstaatliche und grenzüberschreitende Beförderung gefährlicher Güter auf der Straße, mit Eisenbahnen und auf Binnengewässern (Gefahrgutverordnung Straße, Eisenbahn und Binnenschifffahrt)
GMBl.	Gemeinsames Ministerialblatt
HACCP	Hazard Analysis and Critical Control Point
HD	Hochdruck Harmonised Document (Harmonisierungsdokument) in der europäischen Normung
HVAC	Heating, Ventilation, Air Conditioning
KrWG	Gesetz zur Förderung der Kreislaufwirtschaft und Sicherung der umweltverträglichen Bewirtschaftung von Abfällen (Kreislaufwirtschaftsgesetz)
LBO	Landesbauordnung
LFL	Lower Flammable Limit, untere Explosionsgrenze
LMHV	Lebensmittelhygieneverordnung
MBO	Musterbauordnung
MD	Mitteldruck
MLAR	Musterrichtlinie über brandschutztechnische Anforderungen an Leitungsanlagen
M-LüAR	Musterrichtlinie über brandschutztechnische Anforderungen an Lüftungsanlagen
NAV	Netzanschlussverordnung
ND	Niederdruck
PED	Pressure Equipment Directive (Druckgeräterichtlinie)
PELV	Protective Extra Low Voltage, Schutzkleinspannung

ProdSG	Gesetz über die Bereitstellung von Produkten auf dem Markt, Produktsicherheitsgesetz
ProdSV	Verordnung zum Produktsicherheitsgesetz
ProdHaftG	Gesetz über die Haftung für fehlerhafte Produkte, Produkthaftungsgesetz
PS	Pressure Specification, maximal zulässiger Betriebsdruck
RdT	Regeln der Technik
RVO	Reichsversicherungsordnung
SGB	Sozialgesetzbuch
SRMCR	Safety Related Measurement Control and Regulation sicherheitsrelevante Mess-, Steuer- und Regeleinrichtungen
StGB	Strafgesetzbuch
SV	Sicherheitsventil, Abblasventil
TA	Technische Anleitung
TLMV	Verordnung über tiefgefrorene Lebensmittel
TLMÜV	Tierische Lebensmittelüberwachungsverordnung
TRAS	Technische Regeln für Anlagensicherheit
TRBS	Technische Regeln zur Betriebssicherheitsverordnung
TRGS	Technische Regeln zur Gefahrstoffverordnung
TS	Temperature Specification, zulässige minimale/maximale Temperatur
ÜSV	Überström-(sicherheits-)ventil
VO	Verordnung
VOB	Verdingungsordnung Bauleistungen
VDE	Verband der Elektrotechnik Elektronik Informationstechnik e. V.
VDI	Verein Deutscher Ingenieure e. V.
VDMA	Verband Deutscher Maschinen- und Anlagenbauer e. V.
VwVwS	Verwaltungsvorschrift wassergefährdende Stoffe
WHG	Wasserhaushaltsgesetz
ZÜS	zugelassene Überwachungsstelle (TÜV, Germanischer Lloyd, Bureau Veritas etc.)

20 Verzeichnis der Normen

20.1 Europäische Normen

Standard	Typ	Europäische Normen-organisation	Mandat, der Richtlinie …	anzuwenden ab
EN 378-2:2008 + A2:2012 Kälteanlagen und Wärmepumpen – Sicherheitstechnische und umweltrelevante Anforderungen – Teil 2: Konstruktion, Herstellung, Prüfung, Kennzeichnung und Dokumentation	C	CEN	2006/42/EG über Maschinen 2014/68/EU über Druckgeräte	30.11.2012
EN 764-5:2002 Druckgeräte – Teil 5: Prüfbescheinigungen für metallische Werkstoffe und Übereinstimmung mit der Werkstoffspezifikation		CEN	2014/68/EU über Druckgeräte	
EN 1092-1:2007 + A1:2013 Flansche und ihre Verbindungen – Runde Flansche für Rohre, Armaturen, Formstücke und Zubehörteile, nach PN bezeichnet – Teil 1: Stahlflansche		CEN	2014/68/EU über Druckgeräte	21.01.2014
EN 1092-3:2003 / AC:2007 Flansche und ihre Verbindungen – Runde Flansche für Rohre, Armaturen, Formstücke und Zubehörteile, nach PN bezeichnet – Teil 3: Flansche aus Kupferlegierungen		CEN	2014/68/EU über Druckgeräte	
EN 1127-1:2011 Explosionsfähige Atmosphären – Explosionsschutz – Teil 1: Grundlagen und Methodik	B	CEN	2006/42/EG über Maschinen 2014/34/EU ATEX	31.07.2014 08.04.2016
EN 1515-4:2009 Flansche und ihre Verbindungen – Schrauben und Muttern – Teil 4: Auswahl von Schrauben und Muttern zur Anwendung im Gültigkeitsbereich der Druckgeräterichtlinie		CEN	2014/68/EU über Druckgeräte	
EN 1591-1:2013 Flansche und ihre Verbindungen – Regeln für die Auslegung von Flanschverbindungen mit runden Flanschen und Dichtung – Teil 1: Berechnung		CEN	2014/68/EU über Druckgeräte	31.12.2013

Standard	Typ	Europäische Normen-organisation	Mandat, der Richtlinie …	anzuwenden ab
EN ISO 4126-1:2013 Sicherheitseinrichtungen gegen unzulässigen Überdruck – Teil 1: Sicherheitsventile		CEN	2014/68/EU über Druckgeräte	31.01.2014
EN ISO 4126-3:2006 Sicherheitseinrichtungen gegen unzulässigen Überdruck – Teil 3: Sicherheitsventile und Berstscheibeneinrichtungen in Kombination		CEN	2014/68/EU über Druckgeräte	
EN ISO 4126-4:2013 Sicherheitseinrichtungen gegen unzulässigen Überdruck – Teil 4: Pilotgesteuerte Sicherheitsventile		CEN	2014/68/EU über Druckgeräte	
EN ISO 4126-5:2013 Sicherheitseinrichtungen gegen unzulässigen Überdruck – Teil 5: Gesteuerte Sicherheitsventile (CSPRS)		CEN	2014/68/EU über Druckgeräte	
EN ISO 4126-7:2013 Sicherheitseinrichtungen gegen unzulässigen Überdruck – Teil 7: Allgemeine Daten		CEN	2014/68/EU über Druckgeräte	
EN ISO 9606-1:2013 Prüfung von Schweißern – Schmelzschweißen – Teil 1: Stähle		CEN		
EN ISO 9606-3:1999 Prüfung von Schweißern – Schmelzschweißen – Teil 3: Kupfer und Kupferlegierungen		CEN	2014/68/EU über Druckgeräte	
EN ISO 12100:2010 Gestaltung von Maschinen – Allgemeine Gestaltungsleitsätze – Risikobeurteilung und Risikominderung	A	CEN	2006/42/EG über Maschinen	30.11.2013
EN 10204:2004 Metallische Erzeugnisse – Arten von Prüfbescheinigungen		CEN	2014/68/EU über Druckgeräte	
EN 10216-4:2013 Nahtlose Stahlrohre für Druckbeanspruchungen – Technische Lieferbedingungen – Teil 4: Rohre aus unlegierten und legierten Stählen mit festgelegten Eigenschaften bei tiefen Temperaturen		CEN	2014/68/EU über Druckgeräte	

Standard	Typ	Europäische Normenorganisation	Mandat, der Richtlinie ...	anzuwenden ab
EN 10217-4:2002 Nahtlose Stahlrohre für Druckbeanspruchungen – Technische Lieferbedingungen – Teil 4: Elektrisch geschweißte Rohre aus unlegierten und legierten Stählen mit festgelegten Eigenschaften bei tiefen Temperaturen		CEN	2014/68/EU über Druckgeräte	
EN 10217-6:2002 Nahtlose Stahlrohre für Druckbeanspruchungen – Technische Lieferbedingungen – Teil 6: Unterpulvergeschweißte Rohre aus unlegierten Stählen mit festgelegten Eigenschaften bei tiefen Temperaturen		CEN	2014/68/EU über Druckgeräte	
EN 12043:2014 Nahrungsmittelmaschinen – Zwischengärschrank – Sicherheits- und Hygieneanforderungen	C	CEN	2006/42/EG über Maschinen	29.02.2016
EN 12178:2003 Kälteanlagen und Wärmepumpen – Flüssigkeitsstandanzeiger – Anforderungen, Prüfung und Kennzeichnung		CEN	2014/68/EU über Druckgeräte	
EN 12263:1998 Kälteanlagen und Wärmepumpen – Sicherheitsschalteinrichtungen zur Druckbegrenzung – Anforderungen und Prüfung		CEN	2014/68/EU über Druckgeräte	
EN 12284:2003 Kälteanlagen und Wärmepumpen – Ventile – Anforderungen, Prüfungen und Kennzeichnungen		CEN	2014/68/EU über Druckgeräte	
EN 12451:2012 Kupfer und Kupferlegierungen – nahtlose Rundrohre für Wärmeaustauscher		CEN	2014/68/EU über Druckgeräte	
EN 12452:2012 Kupfer und Kupferlegierungen – nahtlose, gewalzte Rippenrohre für Wärmeaustauscher		CEN	2014/68/EU über Druckgeräte	

Standard	Typ	Europäische Normen-organisation	Mandat, der Richtlinie …	anzuwenden ab
EN 12693:2008 Kälteanlagen und Wärmepumpen – Sicherheitstechnische und umweltrelevante Anforderungen – Verdrängerverdichter für Kältemittel	C	CEN	2006/42/EG über Maschinen	08.09.2009
EN 12735-1:2016 Kupfer und Kupferlegierungen – Nahtlose Rundrohre aus Kupfer für die Kälte- und Klimatechnik – Teil 1: Rohre für Leitungssysteme		CEN	2014/68/EU über Druckgeräte	
EN 12735-2:2016 Kupfer und Kupferlegierungen – Nahtlose Rundrohre aus Kupfer für die Kälte- und Klimatechnik – Teil 2: Rohre für Apparate		CEN	2014/68/EU über Druckgeräte	
EN 13136:2013 Kälteanlagen und Wärmepumpen – Druckentlastungseinrichtungen und zugehörige Leitungen – Berechnungsverfahren		CEN	2014/68/EU über Druckgeräte	
EN 13237:2012 Explosionsgefährdete Bereiche – Begriffe für Geräte und Schutzsysteme zur Verwendung in explosionsgefährdeten Bereichen		CEN	2014/34/EU ATEX	
EN 13478:2001 + A1:2008 Sicherheit von Maschinen – Brandschutz	B	CEN	2006/42/EG über Maschinen	08.09.2009
EN 13480-1:2012 Metallische industrielle Rohrleitungen – Teil 1: Allgemeines		CEN	2014/68/EU über Druckgeräte	
EN 13480-2:2012 Metallische industrielle Rohrleitungen – Teil 2: Werkstoffe		CEN	2014/68/EU über Druckgeräte	
EN 13480-3:2012 Metallische industrielle Rohrleitungen – Teil 3: Konstruktion und Berechnung		CEN	2014/68/EU über Druckgeräte	
EN 13480-4:2012 Metallische industrielle Rohrleitungen – Teil 4: Fertigung und Verlegung		CEN	2014/68/EU über Druckgeräte	

Standard	Typ	Europäische Normenorganisation	Mandat, der Richtlinie …	anzuwenden ab
EN 13480-5:2012 Metallische industrielle Rohrleitungen – Teil 5: Prüfung		CEN	2014/68/EU über Druckgeräte	
EN ISO 13585:2012 Hartlöten – Prüfung von Hartlötern und Bedienern von Hartlöteinrichtungen		CEN	2014/68/EU über Druckgeräte	31.12.2012
EN 13732:2013 Nahrungsmittelmaschinen – Behältermilchkühlanlagen für Milcherzeugerbetriebe – Anforderungen an Leistung, Sicherheit und Hygiene	C	CEN	2006/42/EG über Maschinen	31.1.2014
EN ISO 13849-1:2015 Sicherheit von Maschinen – Sicherheitsbezogene Teile von Steuerungen – Teil 1: Allgemeine Gestaltungsleitsätze	B	CEN	2006/42/EG über Maschinen 2014/68/EU über Druckgeräte	30.06.2016
EN 14276-1:2006 + A1:2011 Druckgeräte für Kälteanlagen und Wärmepumpen – Teil 1: Behälter – Allgemeine Anforderungen		CEN	2014/68/EU über Druckgeräte	
EN 14276-2:2007 + A1:2011 Druckgeräte für Kälteanlagen und Wärmepumpen – Teil 2: Rohrleitungen – Allgemeine Anforderungen		CEN	2014/68/EU über Druckgeräte	
EN 14986:2007 Konstruktion von Ventilatoren für den Einsatz in explosionsgefährdeten Bereichen		CEN	2014/34/EU ATEX	
EN 15198:2007 Methodik zur Risikobewertung für nicht-elektrische Geräte und Komponenten zur Verwendung in explosionsgefährdeten Bereichen		CEN	2014/34/EU ATEX	
EN 50270:2006 Elektromagnetische Verträglichkeit – Elektrische Geräte für die Detektion und Messung von brennbaren Gasen, toxischen Gasen oder Sauerstoff		CENELEC	2014/30/EU über EMV	

Standard	Typ	Europäische Normenorganisation	Mandat, der Richtlinie …	anzuwenden ab
EN 50491-5-1:2010 Allgemeine Anforderungen an die elektrische Systemtechnik für Heim und Gebäude (ESHG) und an Systeme der Gebäudeautomation (GA) – Teil 5-1: EMV-Anforderungen, Bedingungen und Prüfung		CENELEC	2014/30/EU über EMV	
EN 50491-5-2:2010 Allgemeine Anforderungen an die elektrische Systemtechnik für Heim und Gebäude (ESHG) und an Systeme der Gebäudeautomation (GA) – Teil 5-2: EMV-Anforderungen an ESHG/GA für den Gebrauch in Wohnbereichen, Geschäfts- und Gewerbebereichen sowie Kleinbetrieben		CENELEC	2014/30/EU über EMV	
EN 50491-5-3:2010 Allgemeine Anforderungen an die elektrische Systemtechnik für Heim und Gebäude (ESHG) und an Systeme der Gebäudeautomation (GA) – Teil 5-3: EMV-Anforderungen an ESHG/GA für den Gebrauch im Industriebereich		CENELEC	2014/30/EU über EMV	
EN 60204-1:2006 Sicherheit von Maschinen – Elektrische Ausrüstung von Maschinen – Teil 1: Allgemeine Anforderungen	B	CENELEC	2006/42/EG über Maschinen 2014/35/EU (Niederspannung)	26.05.2010
EN 60204-1:2006/A1:2009				01.02.2012
EN 60335-2-40:2003 Sicherheit elektrischer Geräte für den Hausgebrauch und ähnliche Zwecke – Teil 2-40: Besondere Anforderungen für elektrisch betriebene Wärmepumpen, Klimageräte und Raumluftentfeuchter		CENELEC	2014/35/EU (Niederspannung)	
EN 60335-2-80:2003 Sicherheit elektrischer Geräte für den Hausgebrauch und ähnliche Zwecke – Teil 2-80: Besondere Anforderungen für Ventilatoren		CENELEC	2014/35/EU (Niederspannung)	

Standard	Typ	Europäische Normen-organisation	Mandat, der Richtlinie …	anzuwenden ab
EN 60335-2-88:2002 Sicherheit elektrischer Geräte für den Hausgebrauch und ähnliche Zwecke – Teil 2-88: Besondere Anforderungen für elektrische Luftbefeuchter, die zur Verwendung mit Heiz-, Lüftungs- oder Klimaanlagen bestimmt sind		CENELEC	2014/35/EU (Niederspannung)	
EN 60335-2-98:2003 Sicherheit elektrischer Geräte für den Hausgebrauch und ähnliche Zwecke – Teil 2-98: Besondere Anforderungen für elektrische Luftbefeuchter		CENELEC	2014/35/EU (Niederspannung)	
EN 60519-10:2013 Sicherheit in Elektrowärmeanlagen – Teil 10: Besondere Anforderungen an elektrische Widerstands-Begleitheizungen für industrielle und gewerbliche Zwecke		CENELEC	2014/35/EU (Niederspannung)	
EN 61000-3-2:2014 Elektromagnetische Verträglichkeit (EMV) – Teil 3-2: Grenzwerte – Grenzwerte für Oberschwingungsströme (Geräte-Eingangsstrom ≤ 16 A je Leiter)		CENELEC	2014/30/EU über EMV	30.06.2017
EN 61000-3-3:2013 Elektromagnetische Verträglichkeit (EMV) – Teil 3-2: Grenzwerte – Begrenzung von Spannungsänderungen, Spannungsschwankungen und Flicker in öffentlichen Niederspannungs-Versorgungsnetzen für Geräte mit einem Bemessungsstrom ≤ 16 A je Leiter, die keiner Sonderanschlussbedingung unterliegen		CENELEC	2014/30/EU über EMV	18.06.2016
EN 61000-3-11:2000 Elektromagnetische Verträglichkeit (EMV) – Teil 3-11: Grenzwerte – Begrenzung von Spannungsänderungen, Spannungsschwankungen und Flicker in öffentlichen Niederspannungs-Versorgungsnetzen für Geräte mit einem Bemessungsstrom ≤ 75 A je Leiter, die keiner Sonderanschlussbedingung unterliegen		CENELEC	2014/30/EU über EMV	

Standard	Typ	Europäische Normenorganisation	Mandat, der Richtlinie ...	anzuwenden ab
EN 61000-3-12:2000 Elektromagnetische Verträglichkeit (EMV) – Teil 3-12: Grenzwerte – Grenzwerte für Oberschwingungsströme, verursacht von Geräten und Einrichtungen mit einem Eingangsstrom > 16 A und ≤ 75 A je Leiter, die zum Anschluss an öffentliche Niederspannungsnetze vorgesehen sind		CENELEC	2014/30/EU über EMV	
EN 61000-6-1:2000 Elektromagnetische Verträglichkeit (EMV) – Teil 6-1: Fachgrundnorm – Störfestigkeit für Wohnbereich, Geschäfts- und Gewerbebereiche sowie Kleinbetriebe		CENELEC	2014/30/EU über EMV	
EN 61000-6-2:2005 Elektromagnetische Verträglichkeit (EMV) – Teil 6-2: Fachgrundnorm – Störfestigkeit für Industriebereiche		CENELEC	2014/30/EU über EMV	
EN 61000-6-3:2007 Elektromagnetische Verträglichkeit (EMV) – Teil 6-3: Fachgrundnorm – Störaussendung für Wohnbereich, Geschäfts- und Gewerbebereiche sowie Kleinbetriebe		CENELEC	2014/30/EU über EMV	
EN 61000-6-4:2007 Elektromagnetische Verträglichkeit (EMV) – Teil 6-4: Fachgrundnorm – Störaussendung für Industriebereiche		CENELEC	2014/30/EU über EMV	
EN 61131-2:2007 Speicherprogrammierbare Steuerungen – Teil 2: Betriebsmittelanforderungen und Prüfungen		CENELEC	2014/30/EU über EMV	
EN 61204-3:2000 Stromversorgungsgeräte für Niederspannung mit Gleichstromausgang – Teil 3: Elektromagnetische Verträglichkeit		CENELEC	2014/30/EU über EMV	
EN 61204-7:2006 Stromversorgungsgeräte für Niederspannung mit Gleichstromausgang – Teil 7: Sicherheitsanforderungen		CENELEC	2014/35/EU (Niederspannung)	

Standard	Typ	Europäische Normen-organisation	Mandat, der Richtlinie …	anzuwenden ab
EN 61310-1:2008 Sicherheit von Maschinen – Anzeigen, Kennzeichen und Bedienen – Teil 1: Anforderung an sichtbare, hörbare und tastbare Signale	B	CENELEC	2006/42/EG über Maschinen 2014/35/EU (Niederspannung)	18.12.2009
EN 61310-2:2008 Sicherheit von Maschinen – Anzeigen, Kennzeichen und Bedienen – Teil 2: Anforderung an die Kennzeichnung	B	CENELEC	2006/42/EG über Maschinen 2014/35/EU (Niederspannung)	18.12.2009
EN 61310-3:2008 Sicherheit von Maschinen – Anzeigen, Kennzeichen und Bedienen – Teil 3: Anforderung an die Anordnung und den Betrieb von Bedienteilen (Stellteilen)	B	CENELEC	2006/42/EG über Maschinen 2014/35/EU (Niederspannung)	18.12.2009
EN 61557-8:2015 Elektrische Sicherheit in Niederspannungsnetzen bis AC 1000 V und DC 1500 V – Geräte zum Prüfen, Messen oder Überwachen von Schutzmaßnahmen – Teil 8: Isolationsüberwachungsgeräte für IT-Systeme		CENELEC	2014/35/EU (Niederspannung)	15.01.2018
EN 61558-2:2007 Sicherheit von Transformatoren, Netzgeräten, Drosseln und dergleichen – Teil 2-2: Besondere Anforderungen und Prüfungen an Steuertransformatoren und Netzgeräten, die Steuertransformatoren enthalten		CENELEC	2014/35/EU (Niederspannung)	
EN 62061:2005 Sicherheit von Maschinen – Funktionale Sicherheit sicherheitsbezogener elektrischer, elektronischer und programmierbarer elektronischer Steuerungssysteme	B	CENELEC	2006/42/EG über Maschinen	26.05.2010
EN 62061:2005/A1:2013				18.12.2015
EN 62061:2005/A2:2015				31.07.2018

Stand der Veröffentlichung:

2006/42/EG: europäisches Abl. C 173 vom 13.05.2016

2014/68/EU: europäisches Abl. C 293 vom 12.08.2016

2014/30/EU: europäisches Abl. C 293 vom 12.08.2016 ab Seite 29

2014/34/EU: europäisches Abl. C 293 vom 12.08.2016 ab Seite 52

2014/35/EU: europäisches Abl. C 249 vom 08.07.2016 ab Seite 62

20.2 Deutsche Normen und Richtlinien

Standard	Europäische Norm	Internationale Norm
DIN EN 378-1:2012-08 (zurückgezogen)	EN 378-1:2008 + A2:2012	
DIN EN 378-1:2014-02 Entwurf	prEN 378-1:2013	
DIN EN 378-1:2016-	EN 378-1:2016-	
DIN EN 378-2:2012-08 (zurückgezogen)	EN 378-2:2008 + A2:2012	
DIN EN 378-2:2014-02 Entwurf	prEN 378-2:2013	
DIN EN 378-2:2016-	EN 378-2:2016-	
DIN EN 378-3:2012-08 (zurückgezogen)	EN 378-3:2008 + A1:2012	
DIN EN 378-3:2014-02 Entwurf	prEN 378-3:2013	
DIN EN 378-3:2016-	EN 378-3:2016-	
DIN EN 378-4:2012-08 (zurückgezogen)	EN 378-4:2008 + A1:2012	
DIN EN 378-4:2014-02 Entwurf	prEN 378-4:2013	
DIN EN 378-4:2016-	EN 378-4:2016-	
DIN EN 764-5:2003-01 (zurückgezogen)	EN 764-5:2002	
DIN EN 764-5:2015-03	EN 764-5:2014	
DIN EN 1092-1:2013-04	EN 1092-1:2007 + A1:2013	
DIN EN 1092-1:2016-05 Entwurf	prEN 1092-1:2016	
DIN EN 1092-3:2004-10	EN 1092-3:2003 + AC:2007	
DIN EN 1127-1:2011-10	EN 1127-1:2011	
DIN EN 1515-4:2010-04	EN 1515-4:2009	
DIN EN 1591-1:2014-04	EN 1591-1:2013	
DIN EN 1861:1998-07	EN 1861:1998-07	
DIN EN ISO 4126-1:2013-12 (zurückgezogen)	EN ISO 4126-1:2013	ISO 4126-1:2013

Standard	Europäische Norm	Internationale Norm
DIN EN ISO 4126-1:2016-12	EN ISO 4126-1:2013 + A1:2016	ISO 4126-1:2013 + Amd 1:2016
DIN EN ISO 4126-3:2006-06	EN ISO 4126-3:2006	ISO 4126-3:2006
DIN EN ISO 4126-4:2013-12	EN ISO 4126-4:2013	ISO 4126-4:2013
DIN EN ISO 4126-5:2013-12 (zurückgezogen)	EN ISO 4126-5:2013	ISO 4126-5:2013
DIN EN ISO 4126-5:2016-12	EN ISO 4126-5:2013 + A1:2016	ISO 4126-1:2013 + Amd 1:2016
DIN EN ISO 4126-7:2013-12 (zurückgezogen)	EN ISO 4126-7:2013	ISO 4126-7:2013
DIN EN ISO 4126-7:2016-12	EN ISO 4126-1:2013 + A1:2016	ISO 4126-1:2013 + Amd 1:2016
DIN EN ISO 9606-1:2013-12	EN ISO 9606-1:2013	ISO 9606-1:2012 + Cor1:2012
DIN EN ISO 9606-3:1999-06	EN ISO 9606-3:1999	ISO 9606-3:1999
DIN EN ISO 12100:2011-03	EN ISO 12100:2010	ISO 12100:2010
DIN EN ISO 12100 Berichtigung 1:2013-08		
DIN EN 10204:2005-01	EN 10204:2004	
DIN EN 10216-4:2014-03	EN 10216-4:2013	
DIN EN 10217-4:2002-08 (zurückgezogen)	EN 10217-4:2002	
DIN EN 10217-4:2005-04	EN 10217-4:2002 + A1:2005	
DIN EN 10217-4:2014-10 Entwurf	prEN 10217-4:2014	
DIN EN 10217-4:2002-08 (zurückgezogen)	EN 10217-4:2002	
DIN EN 10217-6:2014-10 Entwurf	prEN 10217-6:2014	
DIN EN 12043:2015-02	EN 12043:2014	
DIN EN 12178:2004-02	EN 12178:2003	
DIN EN 12178:2016-05 Entwurf	prEN 12178:2016	
DIN EN 12263:1999-01	EN 12263:1998	
DIN EN 12284:2004-01	EN 12284:2003	
DIN EN 12451:2012-08	EN 12451:2012	
DIN EN 12452:2012-08	EN 12452:2012	

Standard	Europäische Norm	Internationale Norm
DIN EN 12693:2008-09	EN 12693:2008	
DIN EN 12693:2016-10 Entwurf	prEN 12693:2016	
DIN EN 12735-1:2016-11	EN 12735-1:2016	
DIN EN 12735-2:2016-11	EN 12735-2:2016	
DIN EN 13134:2000-12	EN 13134:2000	
DIN EN 13136:2013-12	EN 13136:2013	
DIN EN 13136/A1:2017-06 Entwurf	EN 13136:2013/prA1:2017	
DIN EN 13237:2017-01	EN 13237:2012	
DIN EN 13478:2008-12 (zurückgezogen)	EN 13478:2001 + A1:2008	
ersetzt durch: DIN EN ISO 19353:2016-07	EN ISO 19353:2016	ISO 19353:2015
DIN EN 13480-1:2014-12 (berichtigt)	EN 13480-1:2012	
DIN EN 13480-2:2014-12 (berichtigt)	EN 13480-2:2012	
DIN EN 13480-3:2014-12 (berichtigt)	EN 13480-3:2012	
DIN EN 13480-4:2014-12 (berichtigt)	EN 13480-4:2012	
DIN EN 13480-5:2014-12 (berichtigt)	EN 13480-5:2012	
DIN EN ISO 13585:2012-10	EN ISO 13585:2012	ISO 13585:2012
DIN EN 13732:2013-10	EN 13732:2013	
DIN EN ISO 13849-1:2016-06	EN ISO 13849-1:2015	ISO 13849-1:2015
DIN EN ISO 13849-2:2013-02	EN ISO 13849-2:2012	ISO 13849-2:2012
DIN EN 14276-1:2011-05	EN 14276-1:2006 + A1:2011	
DIN EN 14276-1:2017-03 Entwurf	prEN 14276-1:2017	
DIN EN 14276-2:2011-05	EN 14276-2:2007 + A1:2011	
DIN EN 14276-2:2017-03 Entwurf	prEN 14276-2:2017	
DIN EN 14986:2007-05	EN 14986:2007	
DIN EN 14986:2014-04 Entwurf	prEN 14986:2014	
DIN EN 15198:2007-11	EN 15198:2007	
DIN EN 50110-1:2014-02 DIN VDE 0105-1:2014-02	EN 50110-1:2013	
DIN EN 50110-2:2011-02 DIN VDE 0105-2:2011-02	EN 50110-1:2010	
DIN EN 50270:2007-05 (zurückgezogen)	EN 50270:2006	
DIN EN 50270:2015-10	EN 50270:2015	

Standard	Europäische Norm	Internationale Norm
DIN EN 50491-5-1:2010-11	EN 50491-5-1:2010	
DIN EN 50491-5-2:2010-11	EN 50491-5-2:2010	
DIN EN 50491-5-3:2010-11	EN 50491-5-3:2010	
DIN EN 60204-1:2007-06 VDE 0113-1:2007-06	EN 60204-1:2006	IEC 60204-1:2005 modifiziert
DIN EN 60204-1:2007-06/A1:2009-10	EN 60204-1:2006/A1:2009	IEC 60204-1:2005 + A1:2008
DIN EN 60204-1:2014-10 Entwurf	FprEN 60204-1:2014	IEC 44/709/CDV:2014
DIN EN 60335-2-40:2006-11 (zurückgezogen) VDE 0700-40:2006-11	EN 60335-2-40:2003 + Änderungen	IEC 60335-2-40: 2002 modifiziert + A1:2005 modifiziert
DIN EN 60335-2-40:2014-01 VDE 0700-40:2014-01	EN 60335-2-40:2003 + Änderungen	IEC 60335-2-40: 2002 modifiziert + A1:2005 modifiziert + A2: 2005 modifiziert + Cor.1:2006
DIN EN 60335-2-80:2004-03 (zurückgezogen) VDE 0700-80:2004-03 (zurückgezogen)	EN 60335-2-80:2003	IEC 60335-2-80: 2002
DIN EN 60335-2-80:2009-10 VDE 0700-80:2009-10	EN 60335-2-80:2003 + A1:2004 + A2: 2009	IEC 60335-2-80: 2002 + A1:2004 + A2: 2008
DIN EN 60335-2-88:2003-03	EN 60335-2-88:2002	IEC 60335-2-80:2002
DIN EN 60335-2-98:2004-05 (zurückgezogen) VDE 0700-98:2004-05 (zurückgezogen)	EN 60335-2-98:2003	IEC 60335-2-98:2002
DIN EN 60335-2-98:2009-04 VDE 0700-98:2009-04	EN 60335-2-98:2003+ A1:2005 + A2: 2008	IEC 60335-2-98:2002+ A1:2004 + A2: 2008
DIN EN 60519-10:2014-01 VDE 0721-10:2014-01	EN 60519-10:2013	IEC 60519-10:2013
DIN EN 61000-3-2:2015-03 VDE 0838-2:2015-03	EN 61000-3-2:2014	IEC 61000-3-2:2014
DIN EN 61000-3-3:2014-03 VDE 0838-3:2014-03	EN 61000-3-3:2013	IEC 61000-3-3:2013
DIN EN 61000-3-11:2001-04 VDE 0838-11:2001-04	EN 61000-3-11:2000	IEC 61000-3-11:2000

Standard	Europäische Norm	Internationale Norm
DIN EN 61000-3-12:2001-04 (zurückgezogen) VDE 0838-12:2001-04 (zurückgezogen)	EN 61000-3-12:2000	IEC 61000-3-12:2000
DIN EN 61000-3-12:2012-06 VDE 0838-12:2012-06	EN 61000-3-12:2011	IEC 61000-3-12:2011
DIN EN 61000-6-1:2007-10 VDE 0839-6-1:2007-10	EN 61000-6-1:2007	IEC 61000-6-1:2005
DIN EN 61000-6-2:2006-03 VDE 0839-6-2:2006-03	EN 61000-6-2:2005	IEC 61000-6-2:2005
DIN EN 61000-6-3:2007-09 (zurückgezogen) VDE 0839-6-3:2007-09 (zurückgezogen)	EN 61000-6-3:2007	IEC 61000-6-3:2006
DIN EN 61000-6-3:2011-09 VDE 0839-6-3:2011-09	EN 61000-6-3:2007 + A1:2011	IEC 61000-6-3:2006 + A1:2010
DIN EN 61000-6-4:2007 (zurückgezogen) VDE 0839-6-4:2007-09 (zurückgezogen)	EN 61000-6-4:2007	IEC 61000-6-4:2006
DIN EN 61000-6-4:2011-09 VDE 0839-6-4:2011-09	EN 61000-6-3:2007 + A1:2011	IEC 61000-6-4:2006 + A1:2010
DIN EN 61131-2:2008-04 VDE 0411-500:2008-04	EN 61131-2:2007	IEC 61131-2:2007
DIN EN 61204-3:2001-10 VDE 0557-3:2001-10	EN 61204-3:2000	IEC 61204-3:2000
DIN EN 61204-7:2007-07 VDE 0557-7:2007-07	EN 61204-7:2006	IEC 61204-7:2006
DIN EN 61310-1:2008-09 VDE 0113-101:2008-09	EN 61310-1:2008	IEC 61310-1:2007
DIN EN 61310-2:2008-09 VDE 0113-102:2008-09	EN 61310-2:2008	IEC 61310-2:2007
DIN EN 61310-3:2008-09 VDE 0113-103:2008-09	EN 61310-3:2008	IEC 61310-3:2007
DIN EN 61557-8:2015-12 VDE 0413-8:2015-12	EN 61557-8:2015	IEC 61557-8:2014
DIN EN 61558-2-1:2007-11 VDE 0570-2-1:2007-11	EN 61558-2:2007	IEC 61558-2:2007
DIN EN 62061:2005-10 (zurückgezogen)	EN 62061:2005	IEC 62061:2005
DIN EN 62061:2013-09 (zurückgezogen)	EN 62061:2005 + A1:2013	IEC 62061:2005 + A1:2012

Standard	Europäische Norm	Internationale Norm
DIN EN 62061:2016-05 VDE 0113-50:2016-05	EN 62061:2005 + A1:2013 + A2:2015	IEC 62061:2005 + A1:2013 + A2:2015
DIN EN 62061:2017-10 Entwurf VDE 0113-50:2017-10 Entwurf	prEN 62061:2017	IEC 44/788/CD:2017
DIN VDE 0100-410:2007-06 VDE 0100-410:2007-06	HD 60364-4-41:2007	IEC 60364-4-41:2005 modifiziert
DIN VDE 0100-420:2016-02 VDE 0100-420:2016-02	HD 60364-4-42:2011 + A1:2015	IEC 60364-4-42:2010 modifiziert + A1:2014
DIN VDE 0100-430:2010-10 VDE 0100-430:2010-10	HD 60364-4-43:2008	IEC 60364-4-43:2008 + Cor. 2008-10
DIN VDE 0100-600:2017-06 VDE 0100-600:2017-06	HD 60364-6:2016 + A11:2017	IEC 60364-6:2016
DIN VDE 0105-7:2011-10 VDE 0105-7:2011-10		
DIN VDE 0105-100:2015-10 VDE 0105-100:2015-10		
DIN VDE 0105-100/A1:2017-06 VDE 0105-100/A1:2017-06	HD 60364-6:2016 Abschnitt 6.5	
DIN VDE 0298-4:2013-06 VDE 0298-4:2013-06	HD 60364-5-52:2011 + HD 50565-1	IEC 60364-5-52:2011 modifiziert
DIN VDE 0100 Beiblatt 5:2017-10		
DIN 2405		
DIN 4140		
DIN 8964		
DIN 8975 Teil 11:		
DIN 10508		

Literaturverzeichnis

[1] Regeln der Technik im Straf- und Ordnungswidrigkeitenrecht; Steffen Petzold; Studienarbeit, www.GRIN.com

[2] Technische Regeln Begriff Bedeutung und Tendenz in der europäischen Rechtsordnung; Andreas Patana; Studienarbeit, www.GRIN.com

[3] Die Betriebssicherheitsverordnung 2015; RA Prof. Dr. Thomas Wilrich; Aufsatz, Der Betrieb Nr. 17 2015

[4] Kleines 1 × 1 der Normung; Hrsg. DIN, ZDH, DIHK; ERGO Industriewerbung GmbH, Berlin 2011

[5] Normen richtig lesen und anwenden; Leticia de Anda González, Hrsg. DIN; Beuth Pocket, Beuth Verlag 2012

[6] Produktkonformität und CE-Kennzeichnung; Mario Schacht, Michael Loerzer, Roy Müller, Hrsg. DIN; Beuth Pocket, Beuth Verlag 2012

[7] Rechtliche Anforderungen an Benutzerinformationen, Carl-Otto Bauer; Schmidt-Röhmhild, Lübeck 2000

[8] Technische Dokumentation, VDE-Seminar, Godehard Pötter; VDE VERLAG 2000

[9] Elektrische Ausrüstung von Maschinen und Maschinenanlagen; VDE Schriftenreihe Band 26; Dipl.-Ing. Sigfried Rudnik VDE VERLAG 2018

[10] Die Rezeption technischer Regeln im Strafrecht und Ordnungswidrigkeitenrecht unter besonderer Berücksichtigung ihrer verfassungsrechtlichen Problematik, Barbara Veit, UTR Band 8, 1989

Sachregister

N

O

P

Q

R

S

T

U

V

W

Z